A mi mujer Marisol, a mis hijos
Pablo, Alberto, Marisol,
y sus parejas Bea, Miguel, Eli
y mis preciosos nietos, Alex, Irene,
Abel, Aaron, para que desarrollen
el gusto por el conocimiento
científico de la Naturaleza

ÍNDICE

CAPÍTULO I
LA ANTIGÜEDAD

Lo más incomprensible del universo es que sea comprensible. Albert Einstein

1.1 INTRODUCCIÓN

La física es una disciplina muy poco conocida por la mayoría de los ciudadanos no involucrados en su temática, que sin embargo gobierna todo el universo conocido. Gobierna las leyes que rigen el universo y a todos los seres vivientes incluidos los humanos. Nada en la naturaleza escapa a su interpretación. Sus leyes conocidas son inalterables aunque algunos aspectos de la realidad esperan todavía ser descubiertos y desarrollados. Las tendencias actuales de la física trabajan con ahínco para explicar con más precisión el universo y unificar en lo posible las teorías actuales para dar una visión globalizadora del conjunto de leyes naturales.

Es por esto por lo que se trata de dar una visión asequible a la mayoría de las personas, que no intervienen en el desarrollo y aplicación de las leyes naturales y hacerles partícipes y conscientes de que a la postre están inmersos bajo sus influencias. El objetivo es solo concienciar y tratar de ayudar a comprender nuestro mundo de la manera más sencilla posible. Los físicos teóricos ensimismados en sus pensamientos e investigaciones y viendo el bosque desde dentro, no tienen visión pedagógica y por tanto es difícil que desciendan a nuestro nivel de conocimientos, tan elementales, sobre la física.

Por otro lado aparte de los conocimientos básicos que se pueden explicar, la física tiene como soporte para su desarrollo, un tan complicado fundamento matemático, que sólo ellos y los profesionales de las matemáticas pueden abordar. El hecho de que nosotros no dispongamos del sofisticado entramado matemático no nos debe hacer decaer en el intento de conocer nuestra realidad y lo que nos rodea.

Por tanto habrá muchos hechos científicos de los que deberemos creer la parte teórica haciendo un particular "acto de fe", pero sabiendo que todo está fundamentado en sólidas bases científicas, y que por otro lado todas las teorías, aunque difíciles de entender están soportadas en multitud de hechos experimentales que confirman los procesos teóricos y abstractos de donde dimanan.

El hecho de que no podamos ver un electrón en movimiento ni conocer las ecuaciones matemáticas que regulan su posición y su energía en cada momento, no nos hace dudar de su existencia por los efectos físicos que encontramos en la corriente eléctrica. ¿Alguien dudaría de su existencia cuando forma parte de su realidad cotidiana?

El hecho de que no podamos ver las ondas electromagnéticas viajando por el espacio, ni conocer las leyes físicas y matemáticas que las regulan no nos hace dudar de que existen y que gracias a ellas podemos ver la televisión, oír la radio y mantener conversaciones telefónicas con nuestros móviles, etc. Ejemplos como estos formarían una lista interminable de realidades que vivimos aunque desconozcamos sus fundamentos físicos.

Históricamente, la mecánica fue la primera rama de la física que se desarrolló como ciencia exacta. Las leyes de la palanca y de los fluidos en equilibrio estático eran ya conocidas por los científicos griegos trescientos años antes de Cristo.

El enorme desarrollo de la física desde el siglo XVII se inició con el descubrimiento por Galileo y Newton de las leyes de la mecánica. Estas leyes, tal como las formuló Isaac Newton a mediados del siglo XVII, y las leyes del electromagnetismo establecidas por Maxwell unos doscientos años después, son las teorías básicas de la física clásica.

La física relativista que comenzó con los trabajos de Einstein en 1905, y la física cuántica, basada en los trabajos de Bhor, Heisenberg y Schrödinger entre 1925 y 1926, suponen una revisión y reformulación de la mecánica y la electrodinámica en función de nuevos conceptos físicos. Sin embargo la física moderna se construye sobre los cimientos establecidos por la física clásica, y una clara comprensión de los principios de la mecánica y la electrodinámica clásicas es todavía esencial para el estudio de la física relativista y cuántica.

Además, en la inmensa mayoría de las aplicaciones practicas de la mecánica en las diversas ramas de la ingeniería y en la astronomía, siguen aplicándose las leyes de la mecánica clásica. Excepto cuando los cuerpos se mueven a velocidades próximas a la de la luz, o cuando intervienen masas y distancias enormes, la mecánica relativista proporciona los mismos resultados que la clásica; y de hecho así es, pues por la experiencia sabemos que la mecánica clásica da resultados correctos en las aplicaciones ordinarias. Análogamente, la mecánica cuántica concuerda con la clásica excepto cuando se aplica a sistemas físicos de tamaño molecular o menor.

De manera general, pero no exclusiva, la física clásica o macroscópica trata más con los aspectos perceptibles por nuestros sentidos de los fenómenos naturales, mientras que la física más moderna nos traslada desde el nivel astronómico y cosmológico a la constitución mas íntima de las partículas elementales del átomo.

Hablando en términos prácticos la mecánica newtoniana explica perfectamente la trayectoria de un proyectil lanzado por un cañón pero no puede dar cuenta de los movimientos de una partícula subatómica, ni explicar por qué la luz es atraída por los campos gravitatorios de los cuerpos celestes.

La física describe cómo es nuestro universo, cómo se comporta, cómo se generó y cuál puede ser su final, y junto con la química y la biología nos explica por qué existimos los seres vivos, y conocer el origen de la vida.

Es por tanto el objetivo de este libro acercarnos a conocer y explicar los misterios de la naturaleza, sin entrar en profundidades puramente metodológicas y por supuesto en matemáticas complejas. Va dirigido, como ya se ha dicho, a las personas que sin necesidad de un bagaje técnico complicado quieran entender las maravillas que el estudio de la naturaleza nos depara y les pueda servir de acicate para profundizar en el mundo de la física.

Nos centraremos en comprender las teorías electromagnéticas, avanzando después a analizar las teorías relativistas enunciadas por Albert Einstein entre 1905 y 1915, pasando a continuación a tratar de algunos de los misterios de la mecánica cuántica, planteada por Niels Bohr y Werner Heisenberg, todo ello en el primer tercio del siglo XX, y los posteriores avances hacia las teorías de unificación de las leyes físicas aún no encontradas.

Para llegar a este desarrollo, no olvidaremos a los científicos anteriores sobre cuyos descubrimientos trabajaron y cimentaron sus teorías los físicos del siglo XX.

Por último nos haremos eco de descubrimientos posteriores que se están realizando en los primeros años del siglo XXI.

Este libro, por tanto, no trata de ser una historia de la ciencia, sino una explicación ordenada en el tiempo del descubrimiento de los fenómenos físicos.

1.2 EL MUNDO ANTIGUO

Ya desde la antigüedad algunos sabios o filósofos griegos comenzaron a pensar en el mundo que los rodeaba. A pesar de la nula tecnología a su alcance e influidos en gran manera por el mundo mitológico que trataba de explicar la cosmología desde un punto totalmente dominado por la fantasía, fueron capaces de discernir que el mundo no era tal y como se lo presentaban, y llegaron a encontrar explicaciones a algunos fenómenos físicos y enunciar teorías que al cabo de los siglos llegarían a ser reconfirmadas y configuradas de acuerdo a los mayores conocimientos alcanzados por el ser humano.

Para abordar el estado de conocimiento científico de la época vamos a seguir un esquema basado en la presentación cronológica de los pensadores mas destacados por su influencia en la formación de la Civilización Occidental.

Evidentemente la ciencia no parte de cero en el siglo VII a. C. La humanidad, desde la civilización sumeria, pasando por las culturas de Oriente Medio y Egipto Antiguo había desarrollado un amplio conjunto de conocimientos científicos principalmente dentro del campo de la astronomía y la geometría que habían sido necesarias para la construcción y administración de las primeras ciudades. Los egipcios definieron un calendario muy preciso en el que el año tenia 365 días. La geometría se desarrolló para delimitar tierras, calcular su superficie y construir palacios y templos. Sin esta herramienta difícilmente se podría haber pasado de las casa de adobe a las pirámides y demás construcciones.

Centrándonos ya en la propia Grecia empezaremos el recorrido por Tales de Mileto. (ca. 630 - 545 a. C.). Se le considera el iniciador de la indagación racional sobre el universo. También el primer filósofo de la historia de la filosofía occidental, y fue el fundador de la escuela jónica de filosofía, según el testimonio de Aristóteles. Fue el primero y más famoso de los Siete Sabios de Grecia (el sabio astrónomo). Fue además uno de los más grandes matemáticos de su época, centrándose sus principales aportaciones en los fundamentos de la geometría.

Se atribuye a Tales el haber trasladado desde Egipto a Grecia múltiples conocimientos y herramientas elementales de geometría. Aunque no es históricamente seguro, se acepta generalmente como su principal aporte el haber sostenido ya en su época lo que expresa un teorema que lleva su nombre, es decir, que un triángulo que tiene por lado el diámetro de la circunferencia que lo circunscribe es un triángulo rectángulo.

Una primera argumentación sobre la evolución la hizo el filósofo Anaximandro de Mileto (610-546 a. C.) postulando que como los niños están indefensos al nacer, si el primer humano hubiera aparecido sobre la tierra como un niño no habría podido sobrevivir.

Anaximandro razonó, que por lo tanto, los humanos deberían haber evolucionado a partir de otros animales cuyos retoños fueran más resistentes. Además pensó que los primeros animales surgieron del agua o del limo calentado por el sol y del agua pasaron a la tierra. Los hombres descienden de los peces, idea que es una anticipación de la teoría de la evolución.

Con este pensamiento Anaximandro atisbó hace 26 siglos lo que después se conocería como la Teoría de la Evolución, cuyo desarrollo fue llevado a cabo por Darwin y Wallace de manera independiente a mediados del siglo XIX.

El razonamiento de Anaximandro distaba mucho de ser una teoría plausible, porque carecía de evidencias científicas que pudieran corroborarla pero hizo gala de una gran intuición tratando de abordar una cosmología totalmente distinta de lo que eran los conocimientos normales en el siglo VI a. C.

Al mismo tiempo era un buen geómetra discípulo de Tales de Mileto. Se le atribuye también un mapa terrestre y la medición de los solsticios y equinoccios. Recordamos que el solsticio se debe a la inclinación del eje de la Tierra con respecto al Sol y corresponde a los momentos en que los rayos de sol caen perpendiculares al mediodía sobre el trópico de Cáncer (comienzo del verano en el hemisferio Norte) y sobre el de Capricornio (comienzo del invierno en el mismo hemisferio).

Los equinoccios son aquellos días en que los rayos del Sol caen perpendiculares sobre el ecuador terrestre y por tanto los días son iguales a las noches en toda la Tierra. Se corresponden con el comienzo de la primavera y otoño. Estos descubrimientos los realizó por medio de un *gnomon* (objeto alargado cuya sombra se proyectaba sobre una escala graduada para medir el paso del tiempo),

Pitágoras de Samos (aproximadamente 582 - 507 a. C.), fue un filósofo y matemático griego, famoso sobre todo por el Teorema de Pitágoras, que en realidad pertenece a la escuela pitagórica y no solo a Pitágoras. Su escuela afirmaba «todo es número», por ello, se dedicó al estudio y clasificación de los números. A su escuela de pensamiento se la conocía como los pitagóricos y afirmaban que la estructura del universo era aritmética y geométrica. La hermandad estaba dividida en dos partes: los estudiantes y los oyentes. Los estudiantes aprendían las enseñanzas matemáticas, religiosas y filosóficas directamente de su fundador, mientras que los oyentes se limitaban a ver el modo de comportarse de los pitagóricos.

Como es conocido universalmente el teorema de Pitágoras establece que en un triángulo rectángulo, el cuadrado de la hipotenusa es igual a la suma de los cuadrados de los catetos. En realidad la escuela pitagórica lo que hizo fue demostrar formalmente el teorema que ya se venia usando en Babilonia y en la India desde hacia un tiempo considerable.

Demócrito (460-370 a.C.) filósofo y matemático griego, se preguntó qué ocurre cuando rompemos o cortamos un objeto en pedazos. Argumentó que no era posible seguir indefinidamente ese proceso y postuló que todo, incluido los seres vivos, están constituidos por partículas elementales que no pueden ser cortadas ni descompuestas en partes menores. Llamó a estas partículas átomos que significa "indivisible".

Junto con su maestro Leucipo, Demócrito es considerado fundador de la escuela atomista y por tanto es el primer científico de la historia de la humanidad que intuyó la existencia del átomo como estructura elemental de la materia. Hasta el siglo XIX su teoría no pudo ser mejorada. En estos momentos la física acepta que el átomo está compuesto, de protones, neutrones y electrones, y su vez estas partículas digamos básicas están compuestas de una gran variedad de otras partículas aún mas pequeñas. A estas partículas que son como los ladrillos con que se construyen los protones y neutrones se las conoce como quarks, cuya descripción será analizada más adelante.

Demócrito al negar a Dios y presentar a la materia como autocreada, e integrada por átomos, se convirtió en el primer ateo y en el primer materialista (atomista). Los cambios físicos y químicos, decía, se debían a la física no a la magia. Es más conocido por su Teoría Atómica pero también fue un excelente geómetra, ciencia que enseñaba a sus discípulos. Escribió numerosas obras, pero sólo perduran escasos fragmentos. Escribió varios tratados de geometría y de astronomía, que se han perdido.

Se cree que escribió sobre Teoría de los Números. Encontró la fórmula B*h/3 que expresa el volumen de una pirámide. Asimismo demostró que esta fórmula se puede aplicar para calcular el volumen de un cono.

Aristóteles (384–322 a. C.), fue una de las mentes más importantes de la historia de la humanidad. Abarcó todos los conocimientos de su época; fue un filósofo, lógico y científico cuyas ideas han ejercido una enorme influencia sobre la historia intelectual de Occidente durante más de dos milenios.

Aristóteles escribió cerca de 200 tratados —de los cuales sólo nos han llegado 31— sobre una enorme variedad de temas, incluyendo lógica, metafísica, filosofía de la ciencia, ética, filosofía política, estética, retórica, física, astronomía y biología. Aristóteles transformó muchas, si no todas, las áreas del conocimiento que tocó.

Es reconocido como el padre de la lógica y de la biología, pues si bien existen reflexiones y escritos previos sobre ambas materias, es en el trabajo de Aristóteles donde se encuentran las primeras investigaciones sistemáticas al respecto. Aristóteles defendía el sistema geocéntrico del universo cuya visión fue aceptada por el judaísmo y después por el cristianismo que lo mantuvo hasta prácticamente el siglo XVII.

Dentro del mundo de las ciencias físicas hizo varias contribuciones al margen de las realizadas en astronomía, como fue la teoría de la generación espontánea. Es una teoría sobre el origen de la vida, que propone que los peces e insectos se generaban espontáneamente a partir del rocío, la humedad y el sudor. Se originaban a partir de la interacción de fuerzas capaces de dar vida a la materia inanimada. A esta fuerza la llamó entelequia.

Aristóteles rechazó el concepto de átomo porque no podía aceptar que los humanos estuviéramos hechos de elementos inanimados sin alma. También rechazó la idea de una ciencia basada principalmente en la observación.

Aristarco de Samos (310-230 a. C.) sostuvo la revolucionaria teoría de que no somos más que habitantes ordinarios del universo y no seres especiales que se distingan por vivir en su centro. A partir de sus cálculos concluyó que el Sol debe ser mucho mayor que la Tierra. Fue la primera persona que sostuvo que la Tierra no es el centro de nuestro sistema planetario sino que como los demás planetas, gira alrededor del Sol que es mucho mayor. También pensó que las estrellas que vemos en el cielo no son en realidad más que soles distantes. Sería interesante conocer el proceso deductivo por el que llegó a estos conocimientos.

Por aquel entonces la creencia obvia era pensar en un sistema geocéntrico. Los astrónomos de la época veían a los planetas y al Sol dar vueltas sobre nuestro cielo a diario. La Tierra, para muchos, debía encontrarse por ello en el centro de todo. Los planteamientos del reconocido Aristóteles hechos unos pocos años antes, no dejaban lugar a dudas y venían a reforzar dicha tesis. La Tierra era el centro del universo y los planetas, el Sol, la Luna y las estrellas se encontraban en esferas fijas que giraban en torno a la Tierra.

Pero existían ciertos problemas a tales afirmaciones. Algunos planetas como Venus y, sobre todo, Marte, describían trayectorias errantes en el cielo. Es decir, a veces se movían adelante y otras atrás. Esto era un problema en sí mismo pues la tradición aristotélica decía que todos los movimientos y las formas del cielo eran círculos perfectos. Antes que Aristarco, Heraclides Póntico encontró una posible solución al problema al proponer que los planetas podrían orbitar el Sol y éste a su vez la Tierra.

Esto ya fue un gran salto conceptual pero aún era un modelo parcialmente geocéntrico. Las revolucionarias ideas astronómicas de Aristarco no serían universalmente aceptadas hasta siglos después y el geocentrismo prevaleció hasta el siglo XVI.

El paradigma que dominaba era la Teoría geocéntrica de Aristóteles desarrollada a fondo años más tarde por Ptolomeo. No fue hasta Copérnico, unos mil setecientos años más tarde, que empezó a plantearse el modelo heliocéntrico como una alternativa consistente. Por desgracia, del modelo heliocéntrico de Aristarco solo nos quedan las citas de Plutarco y Arquímedes. Los trabajos originales probablemente se perdieron en uno de los varios incendios que padeció la biblioteca de Alejandría

Euclides es, sin lugar a dudas, el matemático más famoso de la antigüedad y quizás el más nombrado y conocido de la historia de las matemáticas. Se conoce poco de la vida de Euclides, sin embargo, su obra sí es ampliamente conocida. Todo lo que sabemos de su vida nos ha llegado a través de los comentarios de un historiador griego llamado Proclo. Sabemos que vivió en Alejandría (Egipto), al parecer en torno al año 300 a.C. Allí fundó una escuela de estudios matemáticos. Por otra parte también se dice que estudió en la escuela fundada por Platón. Su obra más importante es un tratado de geometría que recibe el título de *"Los Elementos",* cuyo contenido se ha estado (y aún se sigue de alguna manera) enseñando hasta el siglo XVIII, cuando aparecen las geometrías no euclidianas.

Los teoremas euclidianos son sobradamente conocidos y en ellos se apoya la geometría plana. Entre ellos podemos citar que entre dos puntos se puede trazar una recta que los une; se puede trazar una circunferencia de centro en cualquier punto y radio cualquiera; todos los ángulos rectos son iguales; por un punto exterior a una recta se puede trazar solo una única paralela, por enumerar los más conocidos.

Arquímedes de Siracusa (287-212 a. C.) fue un matemático griego, físico, ingeniero, inventor y astrónomo. Aunque se conocen pocos detalles de su vida, es considerado uno de los científicos más importantes de la antigüedad clásica. Entre sus avances en física se encuentran sus fundamentos en hidrostática, estática y la explicación del principio de la palanca. Su nombre ha llegado hasta nosotros, entre otras razones por el principio que lleva su nombre. Este principio plantea que todo cuerpo sumergido en un fluido experimenta un empuje hacia arriba igual al peso del fluido desalojado.

Alrededor del año 1586, Galileo Galilei inventó una balanza hidrostática para pesar metales en aire y agua que aparentemente estaría inspirada en la obra de Arquímedes, quien así mismo es reconocido por haber diseñado innovadoras máquinas, incluyendo armas de asedio y el tornillo de Arquímedes, que lleva su nombre. Se considera a Arquímedes uno de los matemáticos más grandes de la antigüedad, y casi de toda la historia. Hizo uso por primera vez de las series infinitas y dio una aproximación extremadamente precisa del número pi.

Claudio Ptolomeo, (Tolemaida, Tebaida, 100 – Cánope, 170). Astrónomo, químico, geógrafo y matemático greco-egipcio, llamado comúnmente en español Ptolomeo (o Tolomeo). Sucesor de la concepción geocéntrica de Platón y Aristóteles creía que la Tierra estaba inmóvil en el centro del Universo de manera que el Sol, la Luna, los planetas conocidos y las estrellas del firmamento giraban alrededor de ella.

No obstante algunas observaciones no encajaban en el modelo geocéntrico, tales como la retrogradación de los planetas y su aumento de brillo en esta operación. La retrogradación de los planetas se da solo en algunos y consiste en que cambian el sentido de la aparente rotación alrededor de la Tierra, esto es, unas veces parece que giran en el sentido de las agujas del reloj y en otras en el sentido contrario durante cortos espacios de tiempo.

De la misma manera no encajaban en la teoría geocéntrica la distinta duración de las revoluciones siderales. Ptolomeo trató de resolver estas incongruencias mediante la ayuda de cálculos geométricos. En cualquier caso sus teorías tuvieron un gran éxito, y fueron adoptadas por el cristianismo durante más de mil años. Incluso durante la Edad Media cualquiera que no acatara la teoría geocéntrica podría ser condenado como hereje y cargar con las penas correspondientes. También se introdujo en el campo de la óptica investigando las propiedades de la luz, en concreto la refracción y reflexión.

Al tratar de comprender los conocimientos de los sabios griegos, lo primero que observamos es que la mayoría se aplican en el estudio de la filosofía con la ciencia y la geometría en una disciplina común que abarca todos los conocimientos. Esto es un hecho posible dado que el nivel de disciplinas sobre todo las científicas y filosóficas era mucho más limitado que en la actualidad. Había personas como Aristóteles que podían abarcar y desarrollar todos los conocimientos de la época y donde destacó sobre todo fue en el mundo de la filosofía, la ética y la lógica, cuyo pensamiento y desarrollo siguen siendo válidos 24 siglos después.

Si nos circunscribimos en el mundo exclusivamente relacionado con la ciencia, entonces era muy difícil separar las matemáticas de la física y de la astronomía. El hilo conductor de los pensamientos y descubrimientos en los ocho siglos en que se desarrollan estos conocimientos lo encontramos en la geometría y astronomía con alguna excepción. Si resumimos los principales logros o errores importantes de la ciencia de la época el esquema sería el mostrado en el cuadro resumen del capítulo.

Del cuadro destaca que el sabio más importante de la antigüedad, Aristóteles, postulara principios tan erróneos como los descritos. Estos razonamientos pudieran deberse a su posición de rechazar la ciencia basada principalmente en la observación.

Esto es consecuencia de los principios aprendidos de su maestro Platón. Platón, según sus conceptos metafísicos, dividía el mundo en dos distintos aspectos; el mundo inteligible –el mundo del auténtico ser -, y el mundo que vemos alrededor nuestro en forma perceptiva –el mundo de la mera apariencia-. El mundo perceptible consiste en una copia de las formas inteligibles o ideas. Según Platón cuando vemos un caballo, solo estamos viendo una forma imperfecta o sombra del ser inteligible que es el caballo.

Podrá parecer extraño que Platón no haya sido incluido en la lista de los principales sabios de Grecia, pero hemos atendido exclusivamente los que han tenido influencia sobre la ciencia relacionada con la observación de la naturaleza y la aportación de planteamientos científicos. Platón, no obstante, ha sido el más grande pensador de la antigüedad en todo lo relacionada con la filosofía en general. Junto con Aristóteles, ha sido el fundamento de la filosofía occidental.

La cultura romana fue la heredera natural de la sabiduría acumulada en Grecia en los siglos anteriores, pero no contribuyeron de manera definitiva en el avance del conocimiento de la física como ciencia.

Sin embargo fueron unos grandes ingenieros que aprovechando los conocimientos heredados, desarrollaron un gran Imperio que para su sustentación necesitó de grandes infraestructuras como vías, puentes y acueductos así como obras civiles del tipo de los palacios, teatros y coliseos. La maestría demostrada en la arquitectura ha permitido que aún perduren después de dos mil años cantidad de obras, algunas de las cuales se siguen usando.

CUADRO RESUMEN DEL CAPÍTULO I

Siglo	Sabio	Logros	Errores
VI a, C.	Tales de Mileto	Teorema que lleva su nombre	
VI a. C.	Anaximandro	Esbozos de la evolución Solsticios y equinoccios	
V a. C.	Demócrito	Concepto del átomo como unidad elemental de la materia	
V a. C.	Pitágoras	Geometría. Teorema de Pitágoras	
IV a. C.	Aristóteles		Sistema geocéntrico Generación espontánea Rechazo del átomo
III a. C.	Aristarco	Sistema heliocéntrico	
III a. C.	Euclides	Primera geometría avanzada	
III a. C.	Arquímedes	Estudios sobre hidrostática, estática y palanca	
II d. C.	Ptolomeo		Teoría geocéntrica

CAPÍTULO II
DEL RENACIMIENTO HASTA EL
SIGLO XVIII

Desde el final de la edad antigua hasta el siglo XVI la ciencia y en especial la física estuvieron en un estado de letargo en el que los conocimientos científicos no avanzaron sino que incluso retrocedieron, por no decir se olvidaron, que duraría quince siglos.

Se puede decir que la sociedad occidental a la caída del Imperio Romano de Occidente, da un gran paso hacia atrás debido a la falta de estímulo para la investigación y al sometimiento a la forma de pensar de la religión cristiana.

Ésta, desde su fundación y desde el punto de vista científico, descansaba en las teorías platónicas y aristotélicas que impiden cualquier intento de analizar las leyes de la naturaleza. Atrás quedaron las ideas de Anaximandro, Demócrito y Aristarco. En su lugar como única fuente de cosmología se escoge la Biblia y en particular el Génesis. Todo está descrito en él y no es posible criticar ninguno de sus aspectos.

Según la teoría escolástica representada fundamentalmente por Tomas de Aquino (1224-1274) la razón se subordina siempre a la fe. La escolástica se nutre de la visión platónica y aristotélica plasmada en la filosofía neoplatónica desarrollada por los Padres de la Iglesia, san Agustín (354-430) y san Gregorio Magno (540-604), como principales representantes.

Por otro lado la sociedad occidental estaba siempre sometida a continuas guerras que limitaban el desarrollo de la sociedad.

Se considera por gran cantidad de autores que el Renacimiento comienza en 1453 con la conquista turca de Constantinopla. Para otros es un nuevo periodo que surge desde el descubrimiento de la imprenta, e incluso se considera que no se produce hasta que Copérnico descubre el sistema heliocéntrico, pero la fecha tope es 1492, con el descubrimiento de América.

El Renacimiento es uno de los grandes momentos de la historia universal que marcó el paso de la Edad Media al Mundo Moderno. Es un fenómeno muy complejo que impregnó todos ámbitos de la vida humana yendo por tanto más allá de lo puramente artístico. Su nombre indica una vuelta a la antigüedad clásica, la cultura, el arte y la ciencia de los antiguos griegos.

En el Renacimiento se redescubre al hombre como individuo en armonía con la realidad de la naturaleza y la liberación, en parte, de las preocupaciones religiosas. El Renacimiento es ante todo un espíritu que transforma no sólo las artes, sino también las ciencias, las letras y formas de pensamiento. Desde el punto de vista de la ciencia, en el Renacimiento se distinguen dos fases: el Renacimiento científico en los siglos XV y XVI que se centra en la restauración del conocimiento natural de los antiguos y la Revolución Científica en el siglo XVII.

El Renacimiento científico se inicia en la figura de Nicolás Copérnico (1473-1543), astrónomo polaco al que se le reconoce por la reinstauración de la teoría heliocéntrica, en la que el Sol está inmóvil en el centro de universo y la Tierra y los demás planetas giran alrededor de él. Recordemos que Aristarco en el siglo III a. C. ya lo había anunciado. Copérnico publicó en 1530 su obra más conocida *De revolutionibus orbium caelestium* (*Sobre las revoluciones de los cuerpos celestes*), donde se enunciaba su teoría.

La teoría copernicana, a pesar de la fuerte oposición de la Iglesia Católica, se fue imponiendo paulatinamente debido a las observaciones científicas y los apoyos de los astrónomos Kepler y Galileo.

La teoría de Copérnico suponía al Sol en el centro del universo y la Tierra y los planetas describiendo círculos alrededor del Sol. Años después Kepler mostraría que las órbitas no son circulares sino elípticas.

En siglos posteriores se comprobaría que el sol no está inmóvil sino que se mueve dentro de la galaxia conocida como Vía Láctea a la velocidad de 792.000 km / h girando en uno de los brazos que forma la espiral de la galaxia. Con la teoría de Copérnico se desterraban para siempre las ideas geocéntricas del universo ptolomeico.

A partir de Copérnico se desarrolla la idea de que el hombre ahora está gobernado por su razón, que será la facultad del ser humano que hace que tome parte en el ordenamiento del universo. Así el hombre pasa a ser autónomo que basa dicha autonomía en su capacidad de raciocinio. La razón humana puede ahora apoderarse de la naturaleza, dominarla y controlarla. De esta manera el hombre pasa a convertirse en el centro racional del universo.

A partir de ahora nos enfrentamos al mundo, no contemplándolo, sino construyendo hipótesis a través de las capacidades del hombre, que contrastadas con la naturaleza se podrán dar por válidas o no.

Contemporáneo de Galileo, Kepler y Descartes, el astrónomo danés Tycho Brahe (1546-1601) aportó una gran precisión en sus medidas astronómicas a pesar de no haberse descubierto todavía el telescopio. De esta manera corrigió los datos astronómicos existentes hasta la fecha.

Catalogó cerca de 800 estrellas fijas con una precisión de hasta un minuto de arco, comprobó los movimientos de la Luna y descubrió una supernova en la constelación de Cassiopeia. Una supernova es una explosión estelar que se puede mostrar, incluso a simple vista, en lugares de la esfera celeste donde antes no se apreciaba nada especial.

Demostró que los cometas no son fenómenos meteorológicos sino objetos más allá de la Tierra. El sistema del universo que presenta es una transición entre la teoría geocéntrica de Ptolomeo y la teoría heliocéntrica de Copérnico. En la teoría de Tycho, el Sol y la Luna giran alrededor de la Tierra inmóvil, mientras que Marte, Mercurio, Venus, Júpiter y Saturno girarían alrededor del Sol.

Dieciocho años después del nacimiento de Tycho Brahe viene al mundo Galileo Galilei (1564-1642). A Galileo se le considera uno de los creadores del método científico moderno. Sus principales aportaciones a la física se centran en el movimiento de los cuerpos y la teoría de la cinemática. Registró por primera vez el telescopio, instrumento fundamental para la observación del universo.

Galileo observó que la regularidad de las oscilaciones de un péndulo depende de la longitud del hilo o cable que lo soporta. El tiempo que tarda un péndulo en hacer una oscilación completa es independiente del peso de la bola y de la amplitud (longitud del desplazamiento de vaivén) de la oscilación. Estos resultados los aplicó a la mejora en la medición del tiempo.

Su famoso experimento de la torre de Pisa dejando caer objetos de diferente peso y comprobando que los dos tardaban prácticamente el mismo tiempo en llegar al suelo, descartó la teoría de Aristóteles de que si dos cuerpos con distinta masa se dejan caer desde una altura determinada, el cuerpo de mayor masa recorre el doble de espacio que el de menor masa en el mismo espacio de tiempo.

La precisión "prácticamente" recoge la pequeña diferencia de comportamiento durante la caída debida al coeficiente de fricción entre el objeto y el aire. La segunda ley de Newton demuestra la veracidad del experimento de Galileo.

En efecto:

$$t = \sqrt{\frac{2d}{g}} \qquad [2.1]$$

donde d es la distancia o altura, g es la aceleración de la gravedad y t el tiempo de caída.

Esta fórmula nos indica que el tiempo de caída de un objeto sometido únicamente a la atracción gravitatoria es igual a la raíz cuadrada de la distancia multiplicada por dos y dividida por la aceleración de la gravedad, que como sabemos, es 9.8 m/seg^2 al nivel del mar. La aceleración de la gravedad disminuye con la altura.

En la ecuación se comprueba como la masa no aparece por ningún lado. Por tanto el tiempo de caída es igual para cualquier cantidad de masa. Una vez más debemos advertir que esto solo es estrictamente cierto cuando se puedan despreciar los efectos de la fricción del objeto con el aire.

Sus experimentos con planos inclinados demostraron que si un cuerpo se mueve sobre su superficie la distancia recorrida en un momento dado es directamente proporcional al cuadrado del tiempo invertido en recorrerla, con independencia de la inclinación del plano. También demostró que si un cuerpo se mueve con movimiento rectilíneo uniforme, éste se altera solo si se aplica sobre él una fuerza externa. Podemos comprobar que con Galileo van apareciendo conceptos que sentarían las bases para el desarrollo de la mecánica de Newton.

Una especial coincidencia es que justo cuando muere Galileo nace Newton. Es como si la naturaleza comprendiera la necesidad de dar continuidad a una mente privilegiada con otra aún más grande.

Galileo fue también el padre del movimiento parabólico. En contra de lo que se creía en su tiempo, un cuerpo lanzado horizontalmente desde una determinada altura, no sigue una trayectoria horizontal sino que describe una curva hacia abajo en forma de parábola. Newton se encargaría de explicarnos el porqué.

Sin menoscabo a sus aportaciones al mundo de la mecánica, Galileo ha sido más conocido por sus estudios de astronomía. Debido a la influencia y a los descubrimientos de su contemporáneo Kepler, del que hablaremos a continuación, se despertó en Galileo un gran interés por el movimiento de los astros que le llevó a perfeccionar el telescopio. Con esta herramienta describió la superficie de la Luna y observó la naturaleza estelar de la Vía Láctea y las fases de Venus. Suyo es el descubrimiento de los satélites de Júpiter. También observó los anillos de Saturno y las manchas solares.

Fue un firme defensor de la teoría heliocéntrica enunciada por Copérnico. Esto le hizo luchar sin éxito contra la superstición y el dogmatismo reinante en el mundo cristiano bajo influencia católica a comienzos del siglo XVII.

Para la Iglesia católica las consecuencias teológicas derivadas del modelo heliocéntrico no eran asumibles, y defender esas ideas era motivo suficiente para ser declarado hereje. Galileo fue obligado por la Iglesia católica a retractarse dos veces de sus ideas copernicanas, siendo finalmente condenado a prisión domiciliaria hasta su muerte.

Johannes Kepler (1571-1630), fue un teólogo alemán al que su entusiasmo por la ciencia le convirtió en uno de los mejores astrónomos conocidos.

Sus teorías sirvieron para establecer de manera precisa el movimiento de los planetas y resultaron fundamentales para las futuras investigaciones de Newton en el campo de la gravitación universal. Fue colaborador de Tycho Brahe a quien sustituyó como matemático imperial de Rodolfo II. Su legado más importante está expresado en las leyes astronómicas que enunció y que se conocen como las tres leyes de Kepler.

Antes de ver las leyes de Kepler creemos conveniente explicar lo que en geometría se considera una elipse. Si tomamos una cuerda fijada en un extremo por un palo hincado en la arena y en el otro un estilete que se apoya en suelo, la figura que resulta al dar una vuelta alrededor del palo (centro) se llama circunferencia. En ella se cumple que la distancia del centro a cualquier punto de la curva que hemos descrito en la arena es siempre la misma. La distancia del centro a cualquier punto de la curva se llama radio.

Imaginemos ahora que en lugar de uno tenemos dos palos situados a una distancia determinada y la cuerda la unimos por cada extremo a cada uno de los palos y situamos el estilete en el centro de la cuerda.

Cuando realizamos la misma operación de girar alrededor de los dos palos con la cuerda siempre tensada, obtenemos una curva distinta a la circunferencia, con forma parecida a un huevo y que tiene dos centros en lugar de uno, llamados *focos* de la elipse.

El lector me disculpará si no he usado una explicación más matemática, pero pese a la tosquedad, creo que es muy gráfica e imagino que probablemente éste habrá sido el método para dibujar la primera elipse de la historia. Bueno, pues la figura resultante es una elipse.

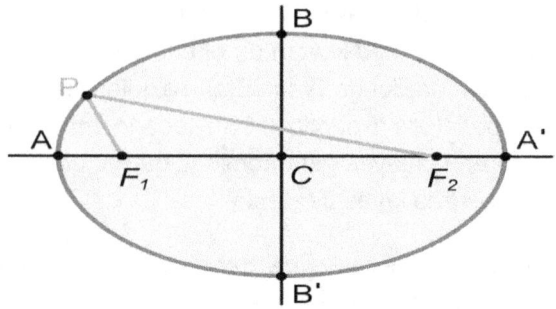

Fig. 2.1 Elipse

Los puntos F_1 y F_2 son los focos; AC y A'C son los semiejes mayores; y CB y CB' los semiejes menores. En la elipse se cumple que la suma de los segmentos F_1P y F_2P es constante.

La primera ley de Kepler establece que las órbitas de los planetas alrededor del Sol no son circulares como defendía Copérnico, sino elípticas, y en uno de los focos de la elipse se encuentra el Sol. Esta conclusión se derivó de un estudio muy detallado de la órbita de Marte. En realidad las órbitas de los planetas son elípticas pero en bastantes de ellos se pueden considerar casi como circulares. De hecho la excentricidad (el grado de deformación de una elipse) en el planeta Tierra es tan solo del 1,7 %.

Como veremos más adelante, cuanto más baja sea la excentricidad de un planeta, mayor es su probabilidad de que exista vida en él, siempre que no se encuentre ni muy lejos ni muy cerca del Sol. Afortunadamente nuestro planeta cumple esos requisitos para albergar vida. Por el contrario las orbitas más elípticas tiene pocas posibilidades de contener vida ya que cuando el planeta está más cerca del Sol la temperatura sobre él sería incompatiblemente alta y excesivamente bajas cuando está más lejos. Es decir, no se establecería un equilibrio de condiciones de temperatura en la que se desarrollan los seres vivos.

La segunda ley de Kepler afirma que las áreas barridas por la recta de unión entre el centro del Sol y el centro del planeta, son iguales en tiempos iguales, o lo que es lo mismo que en toda la órbita, dicha área es proporcional al tiempo que se emplea en recorrerla, Fig 2.2. ¿Qué significa esto en la práctica? Pues que cuando el planeta está más cerca del sol (perihelio), y por tanto la línea que los une es más corta, el planeta debe moverse más rápidamente que cuando está más lejos (afelio).

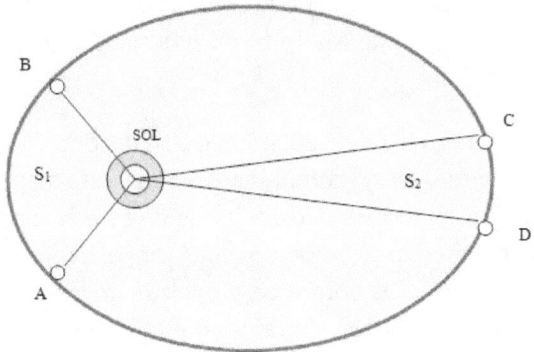

Fig 2.2 Representación de la segunda ley de Kepler. El área S1 (la cubierta por el planeta entre A y B) es igual a S2 (la cubierta por el planeta entre C y D) en un mismo tiempo dado t

La tercera ley de Kepler o ley *armónica*, expresa que los cuadrados de los tiempos de revolución de los planetas (tiempo que tarda en completar la órbita) son proporcionales a los cubos de su distancia media al Sol y que el cociente es igual para todos los planetas. Expresada mediante una ecuación sería:

$$d^3 / t^2 = \text{constante} \quad [2.2]$$

siendo *d* el semieje mayor de su órbita y *t* el tiempo de revolución del planeta en torno al Sol.

El planeta Tierra tiene un *t* igual a 365,26 días y gira a 107.280 km/h de donde se deduce que la distancia recorrida en su órbita alrededor del Sol es de 905.4 millones de km.

Si nos fijamos detenidamente en la ecuación [2.2] observamos que si la distancia, d, de un planeta al sol aumenta, el tiempo t que tarda un planeta en dar una vuelta completa alrededor del Sol también aumenta para mantener la ecuación [2.2] constante. Cuanto mayor es una órbita elíptica, más tiempo tarda el planeta en completar la órbita.

Un planeta cuya órbita está el doble de lejos del Sol que la Tierra tardará ocho veces más en realizarla. Por eso los planetas que están más alejados del Sol giran más despacio que los más cercanos. Por ejemplo, Marte tarda dos años terrestres en girar alrededor del Sol.

La tercera ley de Kepler junto con las otras leyes permitía ya unificar, predecir y comprender todos los movimientos de los astros. Marcando un hito en la historia de la ciencia, Kepler fue el último astrólogo y se convirtió en el primer astrónomo, desechando la fe y las creencias y explicando los fenómenos por la mera observación. No obstante, hay que hacer notar que las tres leyes enunciadas por Kepler describen un fenómeno pero no explican por qué sucede.

Kepler no se basó en una teoría ni en una suposición fundamentada, sino que actuó a partir de datos procedentes de las precisas observaciones realizadas por Tycho Brahe, recurriendo a cálculos complejos. La explicación a todos estos fenómenos la daría Newton con su teoría de la Gravitación Universal.

Las leyes de Kepler se aplican a cualquier cuerpo que gira alrededor de otro, ya sean cometas, asteroides y planetas que giren alrededor de otras estrellas. Kepler unificó los principios en leyes geométricas, pero no fue capaz de dar una explicación científica a los fundamentos de dichas leyes. Pensaba que formaban parte de patrones geométricos propios de la naturaleza. Habría de pasar más de medio siglo hasta que Newton las unificó en una teoría universal de la gravedad.

René Descartes (1596-1650) fue un filósofo, matemático y físico francés, considerado como el padre de la filosofía moderna, así como uno de los nombres más destacados de la Revolución Científica. Principalmente fue un filósofo y de ahí deriva su aportación a la ciencia. Estableció unas reglas de razonamiento aplicables tanto a la filosofía como a la ciencia que se plasmaron en su obra *El discurso del método*. Los métodos descritos en ella hacen que merezca la pena detenernos un momento en estudiar estas reglas que serán de gran importancia por su aplicación en el estudio de la física.

La primera regla establecida en *El discurso del método* es la regla de la *evidencia* que nos dice que sólo se debe tomar como verdadero lo que es evidente, aprehendido mediante la intuición intelectual o conocimiento inmediato y racional.

La segunda regla es la del *análisis* o descomposición de lo complejo en sus elementos simples. Esta regla, junto con la tercera, es de especial aplicación en el campo de la investigación física.

La tercera regla es de la *síntesis*, que es un proceso ordenado de deducción. Es un poco la consecuencia lógica de la anterior una vez que nuestros análisis han concluido con el preciso conocimiento de lo que se ha estudiado. En el proceso deductivo reconstruimos lo complejo a partir de los elementos simples. De lo conocido (los elementos simples) accedemos a lo desconocido mediante un proceso de concatenación de ideas. La cuarta regla no es más que la *comprobación* de que todo el proceso analítico-sintético se ha desarrollado correctamente.

En el plano de la física Descartes crea un nuevo sistema físico llamado el mecanicismo según el cual, la naturaleza ha de ser explicada a partir de conceptos simples que sean susceptibles de ser cuantificados y expresados mediante el uso de las matemáticas.

Esta teoría mecanicista imagina un mundo formado a partir de unas primeras partículas de materia que en el principio de los tiempos dio lugar a remolinos o vórtices de los que se formaron las estrellas y los planetas. Esta idea nos suena de la descripción de la materia formada por átomos que Demócrito, dos mil años antes nos explicó. La naturaleza se rige por leyes matemáticas universales y necesarias que no obedecen a ningún propósito y que solo se consideran reglas por las cuales se efectúan los cambios.

El lector que tenga algún conocimiento de la Teoría Especial de la Relatividad de Einstein se dará cuenta de que coincide en cierta medida con él cuando dice que las leyes de la naturaleza son inmutables y se cumplen siempre en cualquier lugar del universo independientemente del estado de referencia en el que nos encontremos. Lo que no son los mismos son los postulados sobre los que se basan ambos razonamientos.

Descartes fundamenta la universalidad de las leyes físicas en la voluntad de Dios, mientras que para Einstein las leyes de la naturaleza se sustentan en ella misma. Según la concepción de Descartes, dada la omnipotencia de Dios, podría suspender las leyes y provocar milagros. Para Einstein y los científicos del siglo XX, eso está totalmente fuera de lugar.

Otras leyes como la ley de la inercia que plantea que todo cuerpo tiende a permanecer en el mismo estado o de reposo; la ley del movimiento en línea recta por la que todo cuerpo tiende a moverse en línea recta mientras no le perturben, y la ley de la conservación del movimiento son continuación de las ideas de Galileo y dan sustento a la mecánica de Newton que vendrá a continuación. La conservación del movimiento es un concepto fundamental en física y consiste en que la cantidad de movimiento de los cuerpos permanece constante.

El concepto de cantidad de movimiento se define como el producto de la masa por la velocidad, o en términos matemáticos:

$$P = mv \quad [2.3]$$

siendo *m* la masa del cuerpo, y *v* su velocidad

Esta magnitud nos da una idea de la energía que puede tener un cuerpo un movimiento, y la dificultad que encontraremos para pararlo, aunque no es propiamente el concepto físico de energía. También se la conocía por *ímpetu*.

En el campo de las matemáticas Descartes creó la geometría analítica. Fue el creador del sistema de coordenadas cartesianas lo cual abrió el camino al desarrollo del cálculo diferencial e integral por el matemático y físico inglés Isaac Newton y por el matemático alemán Gottfried Leibniz.

CUADRO RESUMEN DEL CAPÍTULO II

Autor	Fecha	Descubrimientos
Copérnico	1530	Teoría heliocéntrica con el Sol inmóvil en el centro Órbitas circulares
Tycho Brahe	Finales siglo XVI	Catalogación de estrellas Precisión en las medidas astronómicas
Galileo	2ª mitad XVI – 1ª mitad XVII	Fundador del método científico Estudio del movimiento de los cuerpos: cinemática Experimentos de caída libre y del péndulo Padre del movimiento parabólico Perfeccionamiento del telescopio Defensor de la teoría heliocéntrica
Kepler	Último tercio siglo XVI – 1º tercio siglo XVII	Establecimiento del movimiento de los planetas Órbitas elípticas de los planetas Tres leyes para el estudio de las órbitas planetarias Kepler fue el último astrólogo y se convirtió en el primer astrónomo, desechando la fe y las creencias y explicando los fenómenos por la mera observación

Descartes	1ª mitad del siglo XVII	*Discurso del método*: evidencia, análisis y síntesis
		Teoría mecanicista: vórtices
		La naturaleza se rige por leyes universales fundamentadas en la voluntad de Dios
		Primeros postulados de la mecánica
		Concepto de cantidad de movimiento
		Creador de la geometría analítica

CAPÍTULO III
EL MUNDO DE NEWTON

La naturaleza y sus leyes estaban escondidas y ocultas por la oscuridad de la noche. Hasta que Dios dijo Hágase Newton y se hizo la luz. Alexander Pope

3.1 INTRODUCCIÓN

La figura de Isaac Newton (4 de enero de 1643-31 de marzo de 1727) merece un capítulo de esta obra por la magnitud intelectual del personaje y su aportación a la ciencia.

Nos encontramos ante el físico más importante de la historia y el descubridor de los conocimientos sobre los que descansa nuestra relación con el mundo que nos rodea. Sus leyes nos informan del comportamiento de la materia con tal rotundidad que explican de manera fiable el comportamiento macroscópico del mundo que habitamos.

Nadie, excepto él, con una herencia científica como la que se conocía en el siglo XVII, hubiera podido elevar la ciencia al nivel que lo hizo. Su ciencia sigue vigente en la actualidad y nadie pone en duda su veracidad, excepto en la explicación del comportamiento de la materia a nivel atómico y a nivel del universo.

En cualquier caso las desviaciones que su mecánica clásica calcula frente a las teorías más avanzadas son en muchos casos notablemente sutiles.

La física relativista y la física cuántica son los avances que mejoran los cálculos de Newton en los extremos de lo muy grande (universo) y muy pequeños (partículas elementales) respectivamente. Excepto en esos ámbitos materiales, la física de Newton es suficiente para explicar todo lo demás.

¿Que hizo Newton? Newton es el padre de la ciencia. Newton fue físico, filósofo, teólogo, inventor, alquimista y matemático. Dado el estado de conocimientos en el siglo XVII, una persona con una mente privilegiada podía abarcar todas estas ramas del saber. Hoy eso sería impensable incluso para él. Tratando de responder a la pregunta de qué hizo Newton, nos vamos a centrar en las actividades que son objeto de este libro que son la física y las matemáticas como apoyo insustituible de aquella para su conocimiento.

Ahora podemos responder a la respuesta bajo la óptica de la sencillez. En pocas palabras diremos que Newton "hizo" la teoría de la gravitación universal, el desarrollo del cálculo infinitesimal, fundó la rama de la ciencia conocida como mecánica, que estudia el movimiento de los cuerpos y trató la naturaleza de la luz.

Newton cambió la visión de todo el mundo demostrando que este universo no está gobernado por magias, caprichos de dioses, o supersticiones milenarias sino que por el contrario, nuestro mundo es un mecanismo fácil de entender y que se rige por leyes precisas que cualquier ser humano puede comprender y usar con un poco de esfuerzo mental.

Nos demostró que la ciencia era posible. Pero la gente de esta era moderna muchas veces no se da cuenta de que casi todo lo que tienen, usan y disfrutan se lo deben a un puñado de valientes científicos del Renacimiento europeo, como Copérnico, Kepler, Galileo y Newton que fue su heredero. Sin ellos no habría tecnología. Sin ellos no habría ciencia como la conocemos.

Las tres leyes de movimiento que Newton nos reveló en el libro más importante del mundo científico, los *"Principia matemática"* de 1686, crearon las bases de lo que llamamos ciencia moderna. La obra está escrita en latín ya que todavía en el siglo XVII, era la lengua culta y por tanto el vehiculo de cualquier publicación relevante.

Ya hemos comentado que Newton se encuentra un mundo científico en plena transformación de las ideas medievales respecto a la astronomía, gracias a los trabajos de Copérnico, Galileo y Kepler. El mundo ya no era el que describía Ptolomeo con la Tierra inmóvil en el centro y los planetas y el Sol girando a su alrededor situados en esferas cristalinas invisibles donde se sustentaban.

El cambio de pensamiento introducido en el siglo XVI y XVII planteaba, sin embargo, cuestiones complicadas como dónde situar los planetas y el Sol si ya no existían las esferas ptolomeícas. ¿Qué fuerza o ente físico mantenía en su sitio a los astros y planetas? Las leyes de Kepler habían solucionada matemáticamente la estabilidad de las órbitas, pero no explicaba por qué se mueven y dónde lo hacen.

La explicación que primero se describió, justificaba la estabilidad de las orbitas planetarias a un campo magnético que se establecía entre el Sol y los planetas. Esta explicación en términos magnéticos se enfrentaba a muchas dificultades. No encajaba en el hecho comprobado de que las fuerzas magnéticas actúan en distancias cortas y se prestaba a interpretaciones dentro del mundo de la magia.

Después se hizo uso de la filosofía mecanicista, promovida por Descartes. La idea hacía uso de unos vórtices o remolinos de pequeñas partículas existentes en el espacio interplanetario.

Frente a la teoría magnética, la filosofía mecanicista ofrecía la ventaja de ser conceptualmente simple (todo se traduce a choques entre partículas), y notablemente racionalista al no necesitar de causas o efectos al margen de la comprensión de la razón.

3.2 LOS *PRINCIPIA*

Los *Principia* de Newton se publicaron en 1686 cuando contaba 43 años. El título completo de la obra es PHILOSOFIA NATURALIS PRICIPIA MATHEMATICA. En esta obra Newton desarrolla los fundamentos de la mecánica como ciencia, que se condensan en tres axiomas o leyes del movimiento. Estos axiomas son:

Todo cuerpo permanece en estado de reposo o de movimiento rectilíneo uniforme, a menos que actúe sobre él una fuerza que le obligue a cambiar de estado.

El cambio de movimiento provocado en el cuerpo es proporcional a la fuerza aplicada y tiene lugar en línea recta a lo largo de la cual la fuerza ha sido aplicada.

A cada acción le corresponde una reacción igual y de sentido contrario.

El razonamiento de Newton para enunciar los dos primeros axiomas, es que si un cuerpo persevera en su estado, a menos que una causa externa actúe sobre él, debe existir una correlación rigurosa entre la causa externa y el efecto que produce. De esta forma se llegaba a una nueva aproximación a la fuerza, en la cual el cuerpo era tratado como el sujeto pasivo de fuerzas externas que actuaban sobre él, en vez de cómo vehículo activo de la fuerza que causaba un impacto en otos.

Para explicar su significado usaremos los mismos ejemplos que puso Newton para su comprensión, pero antes diremos lo que es un axioma. Un axioma es una premisa que se considera «evidente» y se acepta sin requerir demostración previa. En un sistema hipotético-deductivo es toda proposición no deducida (de otras), que constituye una regla general de pensamiento lógico, en oposición a los postulados.

Para el primer axioma usa el ejemplo de un proyectil. En efecto, cuando el proyectil es lanzado se mueve en un recorrido rectilíneo y uniforme. Si estuviera moviéndose en el vacío y en ausencia de gravedad, su movimiento no se vería alterado. Sin embargo cuando el proyectil se mueve sobre la superficie de la Tierra, actúan dos fuerzas que lo desvían y lo hace caer al suelo. Estas fuerzas son las generadas debidas al rozamiento con los gases de la atmósfera y la más importante, la atracción gravitatoria. Este ejemplo es sumamente claro y cada uno de nosotros lo puede comprobar lanzando un objeto con trayectoria horizontal.

Otros ejemplos, ya no tan claros, son el movimiento de una peonza y el movimiento de rotación de los planetas alrededor de su eje. Newton nos dice, y lo demuestra, que cuando un cuerpo, digamos la peonza, gira, conserva la velocidad de giro hasta que una fuerza exterior, por ejemplo el rozamiento del eje con el suelo, hace que pierda velocidad y también el equilibrio. Si la peonza tuviera un eje tan fino como la aguja de un alfiler, permanecería más tiempo girando que si la superficie del eje de rotación en contacto con el suelo fuera mayor.

Los planetas giran con movimiento uniforme sobre su eje porque no existe prácticamente rozamiento en su eje; las atracciones y repulsiones con el Sol y otros planetas están equilibrados. Así, la Tierra, permanecerá girando sobre sí misma con un periodo de rotación de 24 horas hasta que algún fenómeno cósmico la perturbe.

A la conservación de velocidad de giro de un cuerpo rígido, Newton le dio el nombre de conservación del momento angular.

El momento angular necesita alguna aclaración adicional para su mejor comprensión. Hacemos este paréntesis porque esta magnitud es muy importante tanto en mecánica clásica, como en la relativista y en la mecánica cuántica y nos volveremos a encontrar con ella. El momento angular se puede visualizar como la resistencia que ofrece un cuerpo a modificar su velocidad angular. Por cierto, no hemos explicado qué es la velocidad angular.

En el movimiento rectilíneo, por ejemplo, el movimiento de un coche en una autopista, la velocidad lineal es la distancia recorrida dividida por el tiempo empleado. Así decimos que un coche se mueve a una velocidad de cien kilómetros a la hora si el espacio recorrido es cien kilómetros y el tiempo transcurrido es una hora.

De la misma manera decimos, que la velocidad angular es el número de grados de una circunferencia recorridos por un objeto en la unidad de tiempo. Sabemos que una circunferencia completa tiene 360 grados sexagesimales. Si un objeto se mueve en círculo, tardando un segundo en dar una vuelta completa, la velocidad angular será 360 grados por segundo.

En física no se expresa así sino que decimos que la velocidad es 2 π (pi) radianes por segundo donde un radián es el ángulo centrado en una circunferencia en el que la longitud del arco que subtiende es igual al radio de la circunferencia.

Su valor es 1 rad = 57,30° sexagesimales. La velocidad angular también se puede expresar de una manera más común en revoluciones por segundo o por minuto (rpm). Así en el caso anterior la velocidad angular es de una revolución por segundo.

El segundo axioma nos lleva directamente a la ecuación fundamental de la dinámica:

$$F = m\,a \qquad [3.1]$$

o de otra manera $\qquad F = m\,\Delta v \qquad [3.2]$

La expresión [3.1] indica que la fuerza aplicada a un objeto es igual a la masa del objeto multiplicada por la aceleración que alcanza. Estamos hablando del cambio de movimiento (o sea su cambio de velocidad en el tiempo) sufrido por una masa *m* a la que se le aplica una fuerza *F*.

La expresión [3.2] es la que mejor define el axioma ya que lo está ligando al incremento (Δ) de velocidad del objeto. Este incremento (que puede ser positivo o negativo) dividido por el tiempo es lo que se denomina aceleración.

Cuando circulamos por una autopista y apretamos el acelerador observamos que la velocidad cambia por momentos hasta alcanzar otra mayor. Si circulamos a 100 km/h y aceleramos hasta alcanzar 140 km/h en 15 segundos, este incremento de velocidad que se ha producido en cada segundo es la aceleración sufrida por el vehiculo. En el Sistema Internacional de medida, la fuerza se expresa en newton (en honor a su descubridor), la masa en kg-masa y la aceleración en metros por segundo en cada segundo o metros por segundo al cuadrado

No debemos confundir la masa con el peso. La masa es la cantidad de materia de un objeto, digamos la cantidad de moléculas que tiene, y el peso es la fuerza con que la Tierra atrae a esa masa. Newton definió la masa utilizando la expresión << *la cantidad de materia es aquella que surge por la conjugación de la densidad y su magnitud. La cantidad de un cuerpo con el doble de densidad en el doble de espacio es cuatro veces mayor. Designo a esta cantidad por el nombre de cuerpo o masa*>>. Sabemos que la densidad de un cuerpo es el cociente entre la masa y el volumen que ocupa.

La unidad de peso es el kg-fuerza o kilopondio. Esto quiere decir que una cantidad de materia, por ejemplo, el agua contenida en un envase de un litro, pesa en la Tierra 1 kilopondio mientras que en la Luna 0,2 kp, (en la Luna pesa casi cinco veces menos) y aproximadamente 0,3 kp en la superficie de Marte. Esto de debe a las diferentes aceleraciones producidas por la gravedad en cada uno de los objetos planetarios.

La ecuación fundamental de la dinámica [3.1], nos viene a explicar que cuanto mayor es la fuerza, o más prolongado el tiempo, o menor la cantidad de materia aplicadas a un cuerpo, mayor será la velocidad generada.

El tercer axioma es totalmente nuevo para la época. Respecto a los dos primeros, Galileo y Kepler ya habían anticipado conceptos. Este axioma conocido como acción-reacción, es fundamental para comprender el Sistema del Mundo que Newton concebía. En un sistema planetario cualquiera, digamos el sistema solar, a la fuerza que ejerce el Sol sobre la Tierra, se le opone una igual y de sentido contrario que ejerce la Tierra sobre el Sol.

Como consecuencia resulta que el Sol no está quieto sino que sufre las aceleraciones originadas por el resto de los planetas. La aparente inmovilidad del Sol de que hablaban los astrónomos anteriores a Newton no es tal sino que esta apariencia es consecuencia de su mayor masa con respecto a los planetas.

De hecho sabemos que se mueve en uno de los brazos del espiral que forma la galaxia y que gira sobre si mismo a una velocidad lineal en el ecuador de 112 km/h aproximadamente, que es una velocidad unas once veces menor que la del ecuador de la Tierra.

El tercer axioma no se utiliza sólo en el comportamiento de los planetas, sino que esta aplicación es una más de las deducidas por el axioma, que es de aplicación universal entre cualquier sistema de fuerzas.

3.3 ESPACIO Y TIEMPO

Newton expone sus conceptos de espacio y tiempo absolutos como una consecuencia de sus axiomas mecánicos. Ésta concepción absoluta del espacio y tiempo no llegó a convencer a sus contemporáneos. En particular Leibniz ya anticipaba que las medidas de espacio y tiempo, son relativas respecto al sistema de referencia escogido. Un sistema de referencia puede ser la Tierra, el Sol o un tren en movimiento en los que se desarrolla alguna acción.

No obstante, los conceptos absolutos del espacio y tiempo permanecerán siendo considerados así hasta que Einstein formulara en 1905 su Teoría Especial de la Relatividad, en la que acaba para siempre con los conceptos absolutos tanto del espacio como del tiempo y añade una dimensión adicional a las tres habituales, que la define como espacio-tiempo que desemboca en la curvatura del espacio. Ya veremos este concepto que resulta difícil de comprender acostumbrados como estamos a tres dimensiones espaciales.

Veamos como Newton discurre para establecer sus teorías sobre el espacio y el tiempo. Según sus propias palabras << el tiempo absoluto, verdadero y matemático en sí mismo y por su naturaleza sin relación con nada externo, fluye uniformemente>>, asimismo el espacio absoluto <<no tiene relación alguna con nada externo>>. A pesar de la rotundidad de sus definiciones, no hay ningún experimento, teoría o desarrollo matemático en la que apoyarlos. A los motivos que le llevaron al "absolutismo físico" algunos historiadores les dan un sentido teológico.

Según Newton el tiempo y el espacio no son medidas convencionales humanas sino, la consecuencia de la intervención divina. Al ser atributos de Dios y como Dios es inmutable y eterno, el espacio y el tiempo que dimanan de Él, también lo son.

A pesar de lo anterior, Newton reconoció un grado de relatividad en los efectos del movimiento rotatorio. Cita dos ejemplos aclaratorios, de los que escogeremos el del cubo de agua por ser el más intuitivo.

Supongamos un cubo con agua al que sometemos a un movimiento de rotación. Cuando el cubo empieza a girar el agua está todavía inmóvil. Al poco tiempo el agua también gira de manera que cuando el cubo se para, el agua continúa girando por cierto espacio de tiempo.

Newton considera que cuando al girar, el agua sube hacia los bordes, se debe a que el agua y el cubo se hallan en rotación respecto al espacio absoluto. Si la superficie del agua se mantiene plana entonces el cubo no está en rotación. En la transmisión del movimiento de las paredes del cubo a la masa del agua interviene el efecto de viscosidad.

Este concepto merece una breve explicación. El coeficiente de viscosidad es la fuerza que se opone al desplazamiento de dos capas de un fluido. La viscosidad actúa perpendicular a la dirección del movimiento principal.

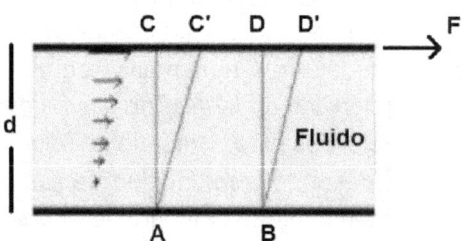

Fig. 3.1 Distribución de velocidades de un fluido (Wikipedia)

En la figura vemos una capa de fluido de altura d, limitada por dos superficies sólidas. El fluido se puede considerar formado por un conjunto de capas o láminas que deslizan unas sobre otras cuando se mueven.

Si sobre la capa superior se aplica una fuerza F que produce movimiento, la fuerza se va reduciendo a medida que descendemos hacia la capa inferior según el perfil de velocidades representadas por las flechas pequeñas. Observamos que en la sección AC, mientras que el punto C se mueve a la posición C', su correspondiente A permanece inmóvil; lo mismos sucede en la sección BD. Pasado un tiempo también se mueven los puntos A y B pero mucho más despacio. La viscosidad es una propiedad de los líquidos y gases en movimiento.

3.4 LA LUZ

La idea de Newton de dedicarse al estudio de la luz, está en gran parte originada por su insatisfacción con las explicaciones de la misma formuladas por Descartes. Éste pensaba que la luz era el resultado originado por la presión de unas minúsculas partículas de éter, medio que supuestamente llena el espacio entre los cuerpos. Estas partículas muestran una tendencia a moverse en línea recta y girar sobre sí mismas.

Otra teoría sobre la luz, en vigor en ese momento era la establecida por Hooke que nos viene a decir que la luz es una especie de temblor que se propaga en el medio. Ante el fenómeno de la difracción de la luz y la aparición de los colores, tanto Descartes como Hooke lo atribuyen a lo que llamaban, modificación de la luz blanca, siendo los colores solo sus modificaciones.

De los numerosos y precisos experimentos que hizo Newton llegó a la conclusión de que los colores no son modificaciones de la luz blanca sino que al contrario la luz blanca está compuesta por colores.

Sus experimentos con los prismas le hacen pensar que el prisma no modifica la luz blanca, sino que la descompone.

El famoso experimento llamado *experimentum crucis*, realizado por Newton, consistía en someter a cada uno de los colores obtenidos por la refracción de un prisma, a la acción de un segundo prisma y comprobar por una parte que no podía descomponerse más y por otra su diferente comportamiento en cuanto al grado de desviación sufrida por efecto del prisma.

La refracción de la luz mide el cambio de velocidad que experimenta la luz cuando pasa de un medio a otro, por ejemplo del aire al agua u otro fluido transparente y viceversa. El cociente de las velocidades en el aire y en otro medio se llama índice de refracción y se representa por n_D. El color azul del cielo se debe a la refracción de la luz al pasar por la atmósfera.

Si no hubiera atmósfera, el cielo se vería negro y el Sol blanco que es como lo ven los astronautas situados en órbitas estables alredor del planeta.

Newton resume sus resultados en los siguientes términos: «*En primer lugar descubrí que los rayos que son más refractados que otros de la misma incidencia, exhiben colores púrpuras y violetas, mientras que aquellos que exhiben el rojo son menos refractados, y los azules, verdes y amarillos poseen refracciones intermedias. En segundo lugar y a la inversa, descubrí que rayos de igual incidencia son gradualmente más y más refractados según su disposición a exhibir colores en este orden: rojo, amarillo, verde, azul y violeta con todos sus colores intermedios*».

En la figura 3.2, se muestra un esquema del *experimentum crucis*.

El rayo incidente de luz blanca proveniente de la izquierda del esquema se hace pasar por la rendija de la pantalla a; a continuación atraviesa el prisma colocado entre las pantallas a y b.

Como consecuencia la luz blanca se refracta en los diferentes colores de su espectro. Un orificio en la pantalla b, permite el paso de un solo color, por ejemplo el amarillo.

Los otros colores del espectro quedan parados en la pantalla b. Cuando el rayo amarillo incide sobre el prisma tras la pantalla b, se comprueba como se refracta de nuevo pero manteniendo el mismo color.

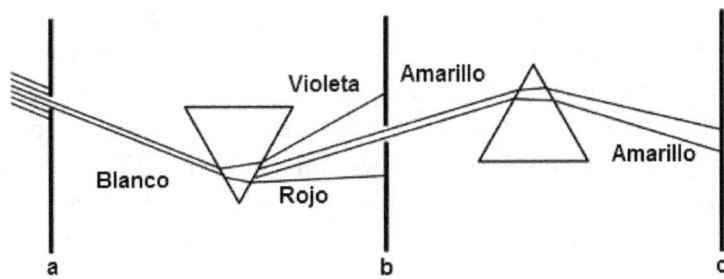

Fig. 3.2 Experimentum crucis

Esto se puede repetir con cada uno de los colores del espectro obteniéndose los mismos resultados, lo que indica que los diferentes componentes del la luz blanca son "entes" independientes y no se pueden subdividir en más colores.

En otros experimentos Newton consigue reunir mediante una lente los colores refractados por un prisma, que cuando se proyectan sobre una superficie, dan un rayo de luz blanca.

Los resultados del experimentum crucis demuestran una propiedad de la luz muy importante, pero no dice nada sobre la naturaleza de la luz. De hecho los resultados del experimento no fueron aceptados de manera universal por sus contemporáneos.

Christian Huygens pensaba que la luz tiene características ondulatorias, mientras Newton defiende una naturaleza corpuscular, considerando la luz como un conjunto de corpúsculos agrupados según sus diferentes velocidades. En realidad ambos tienen razón, y están observando un único fenómeno -la luz- bajo dos perspectivas distintas.

En su teoría corpuscular de la luz, Newton expresa su convicción de que la luz blanca está formada por pequeños corpúsculos que se caracterizan por su color y por la velocidad a la que se desplazan.

Para afianzar su teoría escribió un ensayo titulado *An hipótesis explaining the properties of light*, (una hipótesis que explica las propiedades de la luz), en el que involucra al éter en su explicación. Para salvar las evidencias presentadas por Hooke, Huygens y otros, sobre un cierto comportamiento ondulatorio de la luz, Newton lo explica acudiendo otra vez al éter afirmando que este puede entrar en vibración por los corpúsculos de la luz. No entraremos en esta controversia, pero salvo la introducción del concepto de éter que no dice nada, Newton acertaba en su afirmación de la naturaleza corpuscular de la luz.

Ésta era sólo una faceta del comportamiento de la luz. Ya en el siglo XX, se aceptaría el carácter dual de la luz, es decir que se puede comportar como partícula (el corpúsculo de Newton) y como onda. La dualidad partícula-onda es uno de los pilares de la mecánica cuántica que trataremos más adelante. A las partículas de la luz se las denomina fotones. A efectos prácticos se acepta que la masa del fotón en reposo es cero. Hablaremos de nuevo del fotón cuando estudiemos la teoría electromagnética.

3.5 LA GRAVITACIÓN UNIVERSAL

Aunque anteriormente ya se había sugerido que los movimientos de los planetas y la caída de los cuerpos terrestres pudiera deberse a una propiedad de los cuerpos materiales según la cual se atraerían mutuamente, el primero que formuló una teoría matemática de este fenómeno fue Newton, quien demostró que podían explicarse cuantitativamente los movimientos de los planetas admitiendo que a cada par de cuerpos está asociada una fuerza de atracción directamente proporcional a sus masas e inversamente proporcional al cuadrado de la distancia que los separa. Si lo expresamos mediante una ecuación:

$$F = G \, m_1 m_2 \, / \, r^2 \quad [3.3]$$

donde m_1 y m_2 son las masas de los cuerpos que se atraen, r la distancia que los separa y G es una constante universal cuyo valor es:

$$G = 6.670 \times 10^{-8} \ cm^3 \times seg^{-2} \times g^{-1}$$

Para visualizar estas magnitudes hagamos un pequeño cálculo con dos supuestos. Para el cálculo haremos uso de la fórmula [3.3] y del valor de G, en sus unidades correspondientes (gramo-masa y cm). Imaginemos una bola de acero de 1 kg (masa, que no peso), situada a 1 metro de distancia de otra bola de sólo 1 gramo.

Si aplicamos esos valores en la ecuación [3.3] obtenemos un valor para la fuerza de atracción de 0.0000000000000667 newton, una fuerza totalmente inapreciable, por lo que nosotros no podremos observar ninguna atracción entre esos dos cuerpos.

Ahora calculemos la atracción entre una esfera de acero de 1 kg-masa, situada sobre la superficie de la Tierra y la masa del planeta.

Las magnitudes a considerar son la distancia entre las masas, que es el radio de la Tierra, y evidentemente su masa. Como aclaración, y también según las leyes de Newton, las masa de los cuerpos que entran en los cálculos de las atracciones se consideran actuando en el centro geométrico de los cuerpos también llamado centro de masas.

Los cálculos son:

$F = 6.67 \times 10^{-8}$ (constante G) $\times 10^3$ (masa de la bola) $\times 5.97 \times 10^{27}$ (masa de la Tierra) $/ (6.35 \times 10^8)^2$ (radio de la Tierra)$= 0.985 \times 10^6$ dinas.

La dina es la unidad de fuerza en el sistema cegesimal (cm,g, seg). Como 1 dina $= 10^{-5}$ newton, la fuerza resultante es por tanto 9.85 newton, cuyo símbolo en física es N. Esta es la fuerza con la que la Tierra atrae un kg-masa.

Si aplicamos la fórmula [3.1] vista en el primer axioma de los *Principia*, al caso anterior tenemos:

9.8 N = m (1 kg-masa) x a (aceleración de la gravedad)

Despejando a obtenemos $a = 9.8$ m $/$ seg^2 que es la aceleración de la gravedad al nivel del mar. Debemos citar "al nivel del mar" porque la aceleración de la gravedad va disminuyendo con la altura, haciéndose prácticamente cero a unos 38.000 km de altura

La conclusión que sacamos de estos dos ejemplos es que la fuerza gravitatoria solo es significativa cuando se establece entre cuerpos dotados de masas muy grandes.

Las primeras reflexiones de Newton sobre la gravitación universal establecían una oscura relación de los planetas con el éter, algo que sonaba más a esoterismo que a ciencia.

Sus razonamientos sobre la teoría de la gravitación empiezan a tomar cuerpo a partir del estudio de las leyes de Kepler, en particular la tercera.

Newton parte de la base de que las órbitas de los planetas son circulares, en contraposición con la primera ley de Kepler, que afirmaba que eran elípticas. A la luz de los conocimientos actuales, podemos decir que Kepler tenía razón pero dada la pequeña excentricidad de las órbitas de los planetas se pueden considerar circulares, por lo que la suposición de Newton era bastante precisa.

La tercera ley de Kepler indica que el periodo de revolución de un planeta es proporcional al radio de su órbita.

Por otro lado Descartes enunciaba que un cuerpo que se mueve con movimiento circular uniforme (por ejemplo una piedra atada a una honda) se ve sometido a dos fuerzas; una es la tendencia a moverse a lo largo de la tangente que describe su trayectoria y la otra a alejarse del centro. Newton avanza en su razonamiento y llega a dar un sentido cuantitativo de la tendencia a alejarse del centro, definiéndola como directamente proporcional al cuadrado de la velocidad lineal dividida por el radio de la órbita (v^2/r). Llama a esta fuerza, centrípeta, y el sentido de acción es hacia el centro.

Según su tercera ley de la dinámica (principio de acción y reacción), a esa fuerza le debe corresponder otra igual y de sentido contrario llamada fuerza centrífuga. Por otro lado calcula que la velocidad a la que se mueve el cuerpo que gira es igual a la longitud de la órbita dividida por el tiempo de revolución (tiempo que tarda el móvil en dar una vuelta completa).

No entraremos en los detalles de cómo Newton, mediante razonamientos geométricos y análisis matemáticos que incluyen el cálculo diferencial, llegó a establecer su ley de la gravitación. Sólo recordar que hizo uso fundamentalmente de las leyes de Kepler.

Su formulación definitiva aplicada a los planetas la expresó como:

$$F = GMm/r^2 \qquad [3.4]$$

G actúa como constante de proporcionalidad.

Para ponernos de acuerdo, cuando en una ecuación matemática como la anterior, por ejemplo, las incógnitas aparecen sin separación entre ellas se entiende que se están multiplicando. Por eso la ecuación anterior es equivalente a

$$F = G \times M \times m/r^2 \qquad [3.5]$$

Newton no llegó a determinar el valor de la constante de la gravitación universal. Ésta fue medida por primera vez por Henry Cavendish en 1798 utilizando una balanza de torsión de gran precisión para medir las fuerzas entre grandes esferas de plomo. La constante G es muy difícil de medir debido a la extrema debilidad de la fuerza de atracción que se produce entre masas pequeñas, que son las que se pueden manejar en los laboratorios.

La ley de la gravitación universal involucra a las atracciones que se producen entre todos los cuerpos celestes incluidas las estrellas y los cometas. Por tanto la Tierra está sometida a estas influencias. En la fórmula de la gravitación universal intervienen solo dos masas, pero para ser precisos hay que tener en cuenta al resto de los objetos celestes.

Podemos despreciar los efectos de estrellas, ya que las distancias enormes que las separan de la Tierra, que además van elevadas al cuadrado, hace que sus efectos sean despreciables.

Sin embargo cuando nos ceñimos al planeta Tierra en relación con el Sol y el resto de planetas, el problema se vuelve extremadamente complicado. En aras de simplificar los cálculos, Newton consideró un modelo de tres cuerpos: el Sol, la Tierra y la Luna para establecer el movimiento de la Luna.

Matemáticamente se encuentra que la órbita de la Luna es irregular. Solo con cierta aproximación podemos decir que se trata de una elipse. De hecho el problema de los tres cuerpos sigue siendo objeto de estudio en la actualidad. Newton explicó también el movimiento de precesión de los equinoccios (recuerde el concepto de equinoccio explicado en el capítulo primero) de la Tierra.

El movimiento de precesión consiste en el cambio de dirección que experimenta el eje instantáneo de rotación de un cuerpo, en este caso la Tierra. El eje de rotación de la Tierra hace un movimiento de "cabeceo" y tarda unos 26.000 años en completar una vuelta tal como se indica en la figura 3.3. La trayectoria del movimiento de precesión es la indicada en trazo grueso.

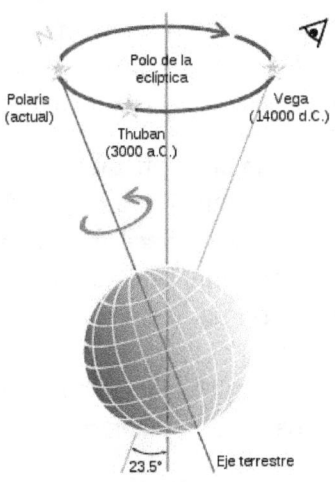

Fig 3.3 Movimiento de precesión de la Tierra (Wikipedia)

La razón expuesta por Newton para explicar el fenómeno es el par de fuerzas de marea que originan la Luna y el Sol sobre la protuberancia ecuatorial de la Tierra. Un par de fuerzas son dos fuerzas paralelas iguales y de sentido contrario que actúan sobre los extremos de una recta que las une.

Cuando en el centro de la recta de unión hay un eje, el sistema gira.

Fig 3.4 Par de fuerzas

Newton creía que la Tierra era una esfera achatada por los polos. Hoy sabemos que su aspecto real es más deforme, es lo que se conoce como un esferoide.

La teoría de la gravitación no fue bien acogida entre los científicos de su época, especialmente por Huygens, al que le parecía absurda la idea de que dos masas podían atraerse a distancia, instantáneamente, en el vacío.

Newton reconoció en su momento que no sabía la razón por la que se daban los fenómenos, por otro lado ciertos, de la teoría gravitacional. Al final hace descansar el fenómeno en la voluntad de Dios omnipotente. Las causas de la gravitación universal continuaron siendo un misterio hasta que Einstein demostró que la atracción entre los cuerpos con grandes masas era debida a la curvatura del espacio-tiempo producida por estos cuerpos como veremos en su momento.

Newton, además de un genio de la física también lo fue en otras materias en las que no hemos profundizado porque no entraban en el alcance de este libro. Entre esas disciplinas están las más importantes como son las matemáticas y la geometría, con su descubrimiento del cálculo infinitesimal, sin el cual sus avances en la ciencia de la mecánica probablemente no habrían sido posibles.

También fue un gran astrónomo así como reconocido filósofo y teólogo. Al mismo tiempo se dedicó a la alquimia, que pretendía ser la base de la química moderna, pero llevando sus estudios más en el marco esotérico y mágico (lo habitual en la Edad Media y comienzos del siglo XVII) que se alejaba mucho de la química como ciencia, por lo que sus contribuciones en esta disciplina no fueron relevantes ni aportaron algo significativo. También fue un gran inventor que se preparaba sus propios instrumentos de experimentación.

Como resumen del capítulo debemos recordar sus leyes de la mecánica clásica, la ley de atracción de masas y como consecuencia de ella la Ley de la gravitación universal, su teoría de las propiedades de la luz y la explicación de los colores del espectro de luz blanca.

62

CAPÍTULO IV
EL SIGLO XVIII

Los físicos teóricos tienden a ser platónicos; sospechan que las matemáticas describen tan bien el universo porque el propio universo es matemático. Luego la física entera es en sí un problema de matemáticas.
Max Tegmark[1]

4.1 INTRODUCCIÓN

El siglo XVII fue el siglo de la mecánica cuyo desarrollo alcanzó cotas inimaginables para la época y siguen vigentes en la actualidad. Estuvo marcado por la personalidad y el genio de Newton. El siglo XVIII es el siglo de la Revolución Industrial en Inglaterra desarrollada por el descubrimiento de la máquina de vapor y su aplicación en la industria del momento. De aquí surge la interrelación entre la ciencia y la tecnología.

Al siglo XVIII se le ha dado en llamar el Siglo de las Luces debido al nacimiento de nuevas ideas para explicar el comportamiento de la naturaleza y el rechazo del sistema absolutista del Antiguo Régimen imperante en Francia.

El siglo XVIII es el siglo de la química y de las matemáticas. Éstas últimas alcanzan un desarrollo inusitado en el que prácticamente quedan elaboradas las herramientas con las que se trabaja en la actualidad gracias a sabios como Euler, Lagrange o Laplace.

---

1 Max Tegmark "Universos paralelos" Investigación y ciencia, Fronteras de la física. 1º trimestre 2006

Desde la perspectiva de la química se destierra definitivamente la alquimia como base para la explicación de la relación entre los elementos químicos y las substancias materiales formadas por esos elementos. Recordemos que hasta el mismo Newton trabajó como alquimista lo que nos da una idea de hasta qué punto estaba arraigada esa "ciencia" que nació durante la Edad Media y alcanzó su cenit en el renacimiento y comienzos del barroco.

La física, no queda en un segundo plano. Por el contrario se ponen las bases para la comprensión y el estudio de la electricidad, la termodinámica, la luz, la dinámica de fluidos y la mecánica celeste entre otros. Corresponderá al siglo XIX el desarrollo de todos estos conceptos apoyados en las bases matemáticas perfectamente elaboradas en el siglo anterior. Sin ellas no se habría podido avanzar en el conocimiento de la teoría electromagnética, la teoría ondulatoria de la luz, etc.

En el siglo XVIII, la química pasa a ser una disciplina científica que enseguida divergirá de la física como medio de estudiar las propiedades de los compuestos químicos y sus reacciones entre ellos. No obstante la química seguirá muy ligada a la física ya que ésta podrá explicar fenómenos que sólo con el trabajo conjunto de ambas ciencias se podrían comprender de una manera correcta.

4.2 LA MECÁNICA CELESTE

Muchas son las aportaciones del siglo XVIII para un mejor conocimiento y comprensión de nuestro Sistema Solar. En primer lugar, la teoría gravitatoria de Newton adoleció de algunas lagunas y errores que se resolvieron en este siglo. Por otro lado mediante precisas medidas se corroboraron la mayor parte de sus enunciados.

Las incógnitas y errores de los trabajos de Newton sobre el sistema solar, se resuelven gracias principalmente a los trabajos y descubrimientos de astrónomos como Laplace (1749-1827) y James Bradley (1693-1762) que dedicaron un gran esfuerzo a descubrir y demostrar los movimientos de los objetos celestes.

Newton no pudo explicar matemáticamente bastantes de los descubrimientos que realizó sobre el sistema planetario y entre ellos por qué la órbita de Júpiter se contrae continuamente mientras que la de Saturno se expande. Laplace propuso una teoría para justificar las variaciones de las órbitas planetarias. Demostró, tras una cantidad enorme de cálculos que las desviaciones de las órbitas son normales y se corrigen cada 929 años. El elevado periodo de tiempo en que se presentaban estos fenómenos, había hecho creer a los astrónomos más antiguos que las desviaciones orbitales eran continuas e indefinidas.

El conjunto de demostraciones y explicaciones matemáticas sobre la teoría de la gravitación universal quedaron reunidas en *Tratado de la mecánica celeste* de Laplace. En esta obra quedaron integradas las teorías dispersas de científicos como Newton, D´Alambert, Euler, Halley y otros, además de las suyas propias.

Laplace también trató de explicar el origen del mundo proponiendo su propia cosmología. En el siglo XVIII el mundo todavía se concebía solo como el Sistema Solar. Laplace postuló su teoría, que coincidía en sus fundamentos con las del filósofo alemán Immanuel Kant (1724–1804) en su obra, *Exposición del sistema del mundo*. En ella explica que <<el Sistema Solar proviene de una atmosfera primitiva en forma de nebulosa que rodeaba a un núcleo condensado de temperatura muy elevada, el cual giraba alrededor de un eje que pasaba por su centro. Como consecuencia del enfriamiento de las capas exteriores y de la rotación del conjunto se engendraría en su momento una serie de anillos sucesivos en el plano ecuatorial de la nebulosa>>.

Al leer la teoría de Laplace-Kant, comprobamos como se acercan en lo sustancial a nuestro conocimiento actual sobre la formación de los sistemas planetarios.

Laplace estudió el origen del achatamiento de la Tierra por los polos, siendo capaz de explicarlo por la influencia de la gravitación ejercida por la Luna. Esta influencia era mutua, como consecuencia de las leyes de Newton, y explicaría a su vez las anomalías en el movimiento de la Luna.

Otro gran astrónomo, Edmund Halley (1656–1742), calculó, siguiendo la teoría de la gravitación de Newton, la órbita de un cometa por primera vez. Al observar en 1682 un cometa aseguró que era el mismo que había aparecido con anterioridad en 1531 y en 1607. Un cometa es un objeto formado por hielo y rocas que orbita alrededor del Sol siguiendo trayectorias elípticas, parabólicas o hiperbólicas. Comprobando que el periodo de aparición era de 76 años como promedio, Halley se atrevió a predecir que el cometa volvería a aparecer en 1758, cosa que él no llegó a ver. En su honor se le dio el nombre de cometa Halley. Este cometa nos ha visitado más veces, la última en 1986 esperándose la próxima aparición para el año 2060.

Otro fenómeno de gran transcendencia descubierto por James Bradley fue la aberración de la luz. Se entiende por aberración de la luz a la diferencia entre la posición observada de una estrella y su posición real debida a la combinación de dos factores: la velocidad de la luz y la velocidad del observador en este caso situado sobre la Tierra teniendo en cuenta la velocidad de rotación y la de traslación alrededor del Sol. El ejemplo clásico que se utiliza para explicar el fenómeno de aberración es el de la lluvia cayendo totalmente vertical y una persona desplazándose. Cuando la persona está parada con el paraguas en la mano, no se moja. Al moverse hacia delante debe inclinar el paraguas para resguardarse de la lluvia porque la impresión es que la lluvia cae inclinada hacia él, y realmente lo hace debido a su avance.

Evidentemente la lluvia sigue cayendo vertical y es su movimiento avanzando hacia la lluvia el que provoca el efecto.

En el caso de la luz de una estrella observada desde la Tierra los rayos de luz se desplazan aparentemente una cantidad muy pequeña 20,47 segundos de arco, pero perceptible con un telescopio. En la siguiente ilustración se aprecia el efecto con el telescopio.

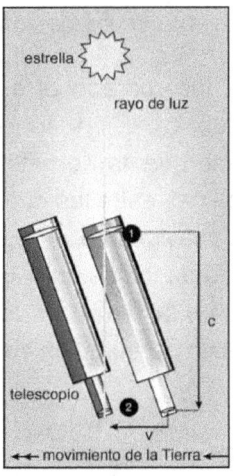

Fig. 4.1 Aberración de la luz de una estrella.

De manera completamente análoga, como la Tierra se mueve y la luz también (como la lluvia en el ejemplo), para observar una estrella en la vertical, se ha de inclinar un poco el telescopio en la dirección del movimiento de la Tierra.

Esa inclinación, que es precisa para que el rayo de luz que entra por la apertura del telescopio alcance su fondo, se denomina «aberración de la luz», un efecto «pequeño», pues la velocidad de la luz es mucho mayor que la de la Tierra.

Mediante experimentos de este tipo muy precisos, Bradley calculó la velocidad de la luz obteniendo un valor de 283.000 km por segundo, valor que se aproxima bastante a la velocidad real en el vacío que es de 299.792 km por segundo. La velocidad de la luz en el vacío es una constante universal definida por Einstein.

Otro descubrimiento importante de Bradley fue el movimiento de nutación de la Tierra. Vimos en un capítulo anterior lo que era el movimiento de precesión del eje de giro de la Tierra. El movimiento de nutación consiste en unas pequeñas oscilaciones del movimiento de precesión. Véase figura 4.2.

En ella se ha incorporado el esquema del movimiento de precesión y la superposición sobre él del fenómeno de nutación. Bradley se dio cuenta de este movimiento estudiando las declinaciones de ciertas estrellas que parecían oscilar de una manera errática. Este movimiento al igual que el de precesión, es debido a la influencia de los campos gravitatorios combinados de la Luna y el Sol sobre la Tierra. Estableció que el periodo de oscilación del movimiento de nutación es de 18,6 años.

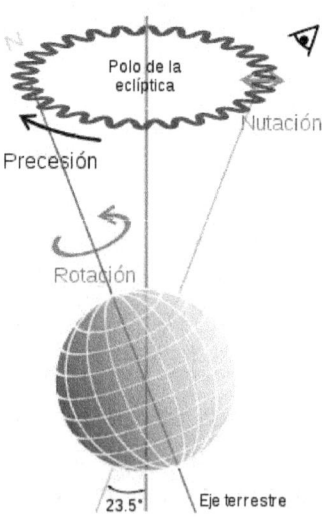

Fig. 4.2 Comparación de los movimientos de precesión y nutación (Wikipedia)

Resumiendo, el planeta Tierra tiene cinco movimientos fundamentales: rotación sobre su eje, traslación en su órbita alrededor del Sol, precesión del eje de rotación, nutación incorporada en el movimiento de precesión y la alternancia en la inclinación del eje de giro de la Tierra frente al Sol que es el origen de las estaciones climatológicas.

4.3 MOVIMIENTO ONDULATORIO. LA LUZ

En el capítulo III hablamos de la composición de la luz y nos enfrentamos a dos teorías radicalmente distintas como fueron la de la naturaleza corpuscular de Newton y la ondulatoria de Huygens. Cada una de ellas explicaba fenómenos distintos producidos por una misma identidad.

En el siglo XIX predominaron las explicaciones ondulatorias ya que en ellas se basaron las teorías electromagnéticas y más tarde, ya en el siglo XX, Einstein demostró la naturaleza corpuscular de la luz, lo que le valió el premio Nobel de física, mediante el efecto fotoeléctrico que veremos en su momento. Como consecuencia, se adoptó la teoría de que la luz se comportaba como corpúsculo y como onda, la llamada *dualidad corpúsculo-onda,* que sería una de las bases de la mecánica cuántica.

En el momento en que nos enfrentamos al comportamiento ondulatorio de la luz y para una mejor comprensión de este tipo de fenómenos, que irán apareciendo con mayor frecuencia, debemos aprender a manejarnos con los conceptos básicos del *movimiento ondulatorio* que está presente en multitud de experiencias físicas.

Cuando golpeamos una campana o encendemos la radio, el sonido se oye en puntos distantes de la campana o de la radio.

¿Qué ha ocurrido? El sonido se ha transmitido a través del aire que nos rodea. Cuando encendemos la lámpara del cuarto, éste se ilumina.

Todos estos fenómenos tienen una cosa en común, son situaciones físicas que se producen en un punto del espacio que se propagan a través del mismo y se reciben en otro punto. Otro ejemplo: consideremos la superficie libre de un líquido.
En condiciones de equilibrio o estáticas (es decir cuando no hay ninguna fuerza externa actuando), la superficie libre de un líquido es plana y horizontal. Pero si en un punto de la superficie las condiciones de equilibrio se alteran, por ejemplo arrojando una piedra, la perturbación producida se propaga en todas las direcciones de la superficie del líquido, formando ondas circulares concéntricas con centro en el punto donde arrojamos la piedra.

Si introdujéramos un plano perpendicular al plano del agua observaríamos un esquema de la trayectoria de la onda como el siguiente:

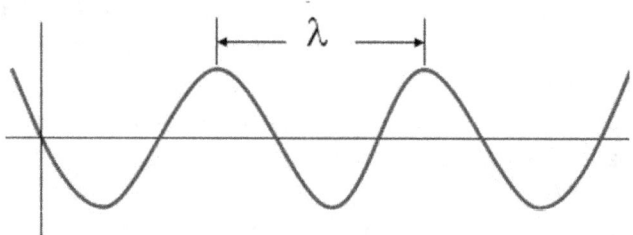

Fig. 4.3 Representación gráfica del movimiento ondulatorio

Las ondas tienen tres parámetros fundamentales: la longitud de onda expresada con la letra griega lambda (λ), la frecuencia y el período. Definamos cada uno de estos conceptos.

La *longitud de onda* (λ), es la distancia existente entre dos crestas o dos senos consecutivos (fig. 4.3).

Crestas son los picos superiores de la onda y senos los picos inferiores.

La frecuencia es el número de ondas o ciclos que se producen en la unidad de tiempo. A la unidad de frecuencia se la llama hercio (Hz). Ejemplo, 3000 ondas por segundo o 3000 hercios.

El período es el tiempo que transcurre entre dos crestas o dos senos. La unidad es el segundo (s) en su notación en física.

La velocidad de propagación será la frecuencia multiplicada por la longitud de onda. Ejemplo, si la longitud de onda fuera 1 cm y la frecuencia 3000 Hz, la velocidad de propagación serian 3000 cm por segundo o lo que es lo mismo 30 m por segundo.

De estas definiciones se deducen relaciones como que la frecuencia es la inversa del periodo y viceversa, y que a mayor longitud de onda la frecuencia es menor, ya que al ser mayor la distancia entre ondas, el número de ondas por segundo será menor.

El movimiento ondulatorio no siempre se comporta como una onda armónica. Al contrario la onda armónica es un caso particular dentro del término más general pudiéndose definir por tanto el movimiento ondulatorio como cualquier situación física que se propaga sin deformación en un dirección determinada.

De lo explicado respecto al movimiento ondulatorio no debemos olvidar los conceptos de longitud de onda, frecuencia, período y velocidad de propagación. Haremos referencia a ellos continuamente en los capítulos siguientes.

Como indicábamos al principio del apartado la primera teoría ondulatoria de la luz se debe a Huygens y fue defendida en el siglo XVIII por Leonard Euler (1707-1783) considerado por otros científicos como el mejor matemático de la historia.

Veamos como explica el mismo Huygens su teoría en su libro *Traité de la lumière* publicado en 1690.[2]

"....según esta filosofía, se mantiene como cierto que el sentido de la visión se estimula solamente mediante la señal de un cierto movimiento de materia actuando sobre los nervios de la parte posterior de nuestros ojos (retina), y esta es una razón adicional para creer que la luz consiste en un movimiento de la materia entre nosotros y el cuerpo luminoso".

Huygens está asumiendo que la luz necesita un soporte material para su desplazamiento. Evidentemente se equivocaba ya que hoy sabemos que la luz se mueve también en el vacío, sin necesitar ese apoyo material.

"... si además prestamos atención a su extraordinaria velocidad a la que se mueve en todas direcciones y que aunque la luz venga en direcciones opuestas, los rayos se interpenetran sin impedimento del uno sobre el otro, entonces deberíamos entender que cuando vemos un objeto luminoso, esto no puede ser debido a la transmisión de materia que nos llega del objeto como por ejemplo un proyectil o una flecha que vuela a través del aire. Esto sería una gran contradicción de las dos propiedades de la luz..."

Estos razonamientos y los que siguen constituyen una descalificación de la teoría corpuscular de la luz elaborada por Newton.

"...sabemos que por medio del aire, que es un cuerpo invisible e impalpable, el sonido se reparte a través de todo el espacio que rodea la fuente mediante un movimiento que avanza gradualmente de una partícula a la siguiente y dado que la propagación de este movimiento tiene lugar con velocidad igual en todas direcciones se deben formar superficies esféricas que

---

2 http://www-history.msc.st-andrews.ac.uk/Huygens_lumiere.html

avancen paso a paso hasta que finalmente llegan a nuestros oídos. Por todo lo anterior no queda ninguna duda que la luz que nos llega de un cuerpo luminoso, también lo hace mediante algún movimiento que es impartido a la materia intermedia, porque ya hemos visto que esto no habría podido suceder mediante la traslación de un cuerpo que hubiera podido alcanzarnos desde la fuente..."

De nuevo descarta la naturaleza corpuscular de la luz. Además se apoya para su razonamiento en que debe haber un medio material para la trasmisión de las ondas, lo que no es verdad:

"así ahora, como debemos pronto investigar, la luz necesita tiempo para su desplazamiento, de donde se deduce que este movimiento impartido a la materia debe ser gradual y lo mismo que el sonido, se debe transmitir en superficies esféricas u ondas; las llamo ondas por su similitud a aquellas que vemos que se forman en el agua cuando se arroja una piedra, y porque ellas nos capacitan para observar un desarrollo en círculos, a pesar de que estos son debidos a una causa diferente y solo se forman en una superficie plana."

La teoría de la transmisión del movimiento ondulatorio mediante ondas esféricas solo es aplicable a las ondas mecánicas que se propagan en la materia pero no es útil para la propagación de ondas electromagnéticas en el vacío.

A finales del siglo XIX, Kirchhoff reemplazó el modelo intuitivo de Huygens por un tratamiento matemático aplicable a todo tipo de ondas independiente del medio donde se mueven.

4.4 DESCUBRIMIENTO DE LA ELECTRICIDAD

Benjamin Franklin (1706-1790), político y científico estadounidense, fue el primero que empezó a tratar con los fenómenos eléctricos. Su aportación es básicamente experimental, intuyendo la formación de cargas eléctricas de distinto signo. Suyo fue el invento del pararrayos con el que se demostraba que las nubes pueden almacenar cargas eléctricas.

Cavendish (1731-1810) fue el primero que propuso la ley de la atracción de cargas eléctricas que sirvió a Coulomb (1736-1806) para establecer los principios de la electrostática.

La primera observación de la electrización de objetos por frotamiento es muy antigua. Todos en la escuela primaria habremos hecho el clásico experimento de frotar un bolígrafo de plástico sobre la superficie de una prenda de lana, por ejemplo la manga de un jersey, si después lo acercamos a unos pequeños trocitos de papel, observamos que estos son atraídos por el bolígrafo. Si el lector no hubiera hecho nunca el experimento, le invito a que lo haga para ver el efecto.

La conclusión es que tanto el bolígrafo como la lana se han cargado de algo—electricidad-- que denominamos *carga eléctrica*. Vamos a expresar de ahora en adelante la carga eléctrica con la letra q. ¿Cuál es el origen de dicha carga eléctrica?

En el siglo XVIII se desconocía su origen. Hoy, después del descubrimiento de las partículas subatómicas (de tamaño menor que el átomo) sabemos que el efecto se debe a que el roce del plástico con la lana hace que partículas cargadas, específicamente los electrones, se transmiten de la lana al plástico dejando la lana cargada positivamente y el plástico negativamente. Cuando describamos la estructura de los átomos veremos con detalle su constitución.

De momento nos vale con saber que el átomo es como un sistema planetario en miniatura donde en el centro está el núcleo compuesto de protones con carga eléctrica positiva y neutrones sin carga. Los "planetas" girando alrededor del núcleo serían los electrones cargados negativamente. Es una visión muy simplista pero de momento suficiente para el propósito actual.

Hoy sabemos que la carga es una propiedad fundamental y característica de las partículas elementales que forman la materia. Las cargas eléctricas, evidentemente no se pueden observar a través de un microscopio, pero se pueden sentir y "ver" sus efectos. Otra observación experimental es que la carga no puede crearse ni destruirse, o sea que la carga total de un sistema cerrado no puede cambiar.

Los experimentos realizados con la electricidad a finales del siglo XVIII demostraron que solo hay dos clases de carga eléctrica: positiva y negativa. Esta es una evidencia empírica que no necesita demostración. Otra consecuencia de los experimentos es que se observó que dos cargas puntuales ejercen entre sí fuerzas que actúan sobre la línea que las une y que además son inversamente proporcionales al cuadrado de la distancia que las separa. Esta observación y la que sigue tienen el mismo formalismo que la teoría de gravitación de Newton, pero substituyendo las cargas por las masas. Por último se comprobó que las fuerzas también son proporcionales al producto de las cargas. Cuando las cargas eléctricas son del mismo signo, la fuerza que se ejerce es repulsiva mientas que si son de distinto signo la fuerza es de atracción.

Con estos datos Coulomb propuso su conocida *ley de Coulomb* que se expresa de la siguiente manera:

$$F = C\, q_1 q_2\, /\, d^2 \qquad [4.1]$$

O lo que es lo mismo, la fuerza que se ejerce entre dos cargas eléctricas puntuales y estáticas denominadas como q_1 y q_2 es proporcional al producto de la carga q_1 por la q_2 y dividido todo por la distancia que las separa elevada al cuadrado. La constante C ó de proporcionalidad es la constante de Coulomb. Como curiosidad, si alguien quiere realizar algún cálculo, la constante de Coulomb es 8.9874×10^9 N x m^2 x c^{-2}. La unidad de carga eléctrica es el culombio.

La ley de Coulomb al igual que la de Newton se consideran leyes que actúan en la distancia porque en el momento de su enunciado no se conocía nada que pudiera ser un vínculo entre las masas o cargas. Es como si unas manos mágicas e invisibles ejercieran de conexión entre ellas. No obstante existe una diferencia importante entre ambas leyes, la ley de Coulomb depende del medio entre las dos cargas y la de la gravitación no.

El factor por el que interviene el medio en la ley de Coulomb se llama permitividad del medio. Como su nombre indica afecta a la facilidad con que las cargas pueden efectuar su atracción.

¿Qué estamos considerando como carga puntual? Pues es aquella cuyas dimensiones espaciales son muy pequeñas comparadas con cualquier otra longitud pertinente al problema en consideración.

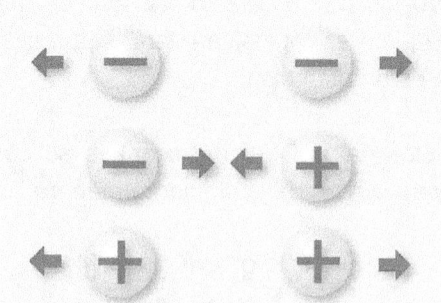

Fig. 4.4. Atracción y repulsión de cargas eléctricas.

En la figura se muestra gráficamente las direcciones de atracción y repulsión entre dos cargas eléctricas puntuales.

Este sería el fundamento de la electricidad. Ampliaremos con más profundidad estos conceptos cuando tratemos las teorías electromagnéticas que se desarrollaron en el siglo XIX. Por el momento añadir el concepto de corriente eléctrica.

Definimos la corriente eléctrica como el movimiento de las cargas por un conductor en la unidad de tiempo. Por tanto podemos decir que la corriente eléctrica es la velocidad a la que se transporta la carga por un punto del conductor. Su unidad es el amperio que se define como un culombio por segundo.

No queremos dar por terminada la presentación de la electricidad en el siglo XVIII sin citar a Volta (1745-1827) y su descubrimiento de la pila eléctrica.

A punto de acabar ya el siglo, Volta inventó su pila que consistía en pares de discos de cobre y zinc apilados (de ahí el nombre de pila) unos encima de otros y separados cada par por trozos de cartón o de fieltro humedecidos con salmuera. Cuando se conecta un cable a los terminales de la pila así formada, circulaba por el conductor una corriente eléctrica. Además la tensión o diferencia de potencial podía aumentarse a voluntad añadiendo más pares de discos a la pila.

¿Por qué ocurre este fenómeno? Para explicar las razones deberíamos tener conocimientos de cierto nivel de química. En principio lo podemos explicar de la siguiente manera: la corriente eléctrica que se genera en la pila es una conversión de energía química en energía eléctrica. Cuando se disuelven en agua ciertas sales, por ejemplo cloruro sódico (sal común), los componentes de la molécula de cloruro sódico se "parten" en dos trozos o iones cargados eléctricamente, uno que lleva carga positiva (catión) y otro con carga negativa (anión).

Si dentro de la disolución y en los extremos de la cubeta introducimos dos barras de metal adecuados, por ejemplo cobre y zinc como en la pila de Volta, y los unimos por un conductor exterior, se produce una corriente eléctrica dentro del líquido de manera que los "trozos" o iones positivos se dirigen hacia uno de los electrodos (llamado cátodo porque atrae a los iones positivos) y los iones negativos se dirigen al ánodo o electrodo positivo.

Esta corriente se produce dentro del líquido cuando los electrodos se han conectado exteriormente mediante un conector. Alrededor de cada electrodo se produce el sistema metal-ión correspondiente que se "enfrenta" con el sistema del otro electrodo. En función de la diferencia entre los potenciales redox—es la combinación de las palabras *reducción* y *oxidación*-- de cada sistema, se genera una corriente eléctrica.

El lector interesado en profundizar en los sistemas redox puede consultar un manual de química inorgánica o de química-física. Hacerlo aquí seria apartarnos demasiado del tema que nos ocupa. Otra pregunta que puede surgir es por qué un metal conduce la electricidad y no lo hace por ejemplo el vidrio. La razón está en la naturaleza atómica de cada substancia.

En el metal se produce lo que en química se llama enlace metálico entre los átomos. Ya dijimos que un átomo se podía comparar con un minisistema solar en el que los electrones son los planetas girando alrededor. Cada átomo tiene su propia estructura que implica un diferente número de electrones. Estos electrones (que sabemos que tienen carga eléctrica negativa) se colocan en diferentes "pisos" o niveles energéticos.

En los metales, cuando se unen los átomos, queda una nube de electrones (los más alejados del núcleo) que tiene más facilidad para moverse por su mayor lejanía del núcleo que los que están situados más cerca, y así lo hacen.

Esta "nube" de electrones se reparte entre los diferentes átomos que forman el metal y originan lo que se llama el enlace metálico. Cuando se aplica una diferencia de tensión entre los extremos del conductor los electrones "libres" se mueven a lo largo del material.

En los materiales no conductores los electrones están unidos al núcleo por fuerzas electrostáticas lo suficientemente resistentes para evitar su movilidad. Al ser los átomos mucho más "rígidos", no permiten que se desplacen con libertad los electrones y de esa manera no pueden conducir la electricidad.

Los conceptos anteriores de electrones, potencial redox, enlaces químicos, etc., no eran todavía conocidos al final del siglo XVIII. Por tanto la explicación a estos fenómenos debía ser puramente empírica.

4.5 CALOR

No fue hasta mediados del siglo XVIII cuando la física empezó a desarrollar los conocimientos relacionados con el calor y su estudio sistemático, creando una rama de la física conocida como termodinámica cuyos resultados han sido de aplicación importantísima en la química como herramienta para el estudio de las reacciones entre las diferentes substancias.

Como su nombre indica la termodinámica es el estudio de la transferencia (movimiento) del calor y su expresión en la temperatura.

Los primeros científicos en interesarse y estudiar la ciencia del calor fueron Joseph Black (1728-1799) y Benjamin Thompson (1753-1814). J. Black fue el primero en distinguir entre calor y temperatura. B. Thompson en 1798, vio claramente la relación entre trabajo mecánico y calor.

Como resultado de sus observaciones acerca del calor desarrollado al taladrar el ánima de un cañón, dedujo que el calor producido estaba relacionado con el trabajo mecánico ejecutado en el proceso de taladrado. Los resultados de estas primeras observaciones de B. Thompson fueron después confirmados por más experimentos pero las conclusiones más importantes serían las obtenidas medio siglo después por J. P. Joule que mediante experimentos de conversión de trabajo en calor estableció el *equivalente mecánico del calor*, que viene a decir que <<el consumo de una magnitud dada de trabajo, no importa cual sea su origen, produce siempre la misma cantidad de calor>>.

Hemos citado una variable física que aparece por primera vez que es el trabajo. El *trabajo* mecánico es el producto de la fuerza aplicada a un cuerpo por el desplazamiento que realiza ese cuerpo. Del mismo modo definimos la *energía* como cualquier propiedad que se puede producir a partir de trabajo o convertir en este. Trabajo y energía son equivalentes. Su unidad en el sistema internacional es el julio. Esta sería la definición trabajo puramente mecánica, pero existen otras formas de trabajo o energías, como química, eléctrica, etc.

En el estudio del calor y dado que se ha comprobado que éste no se puede convertir totalmente en trabajo, algunas veces se prefiere describir la energía como aquello que se puede convertir en calor.

Nuestros sentidos nos permiten con facilidad distinguir entre caliente y frío. Decimos que una sustancia que está caliente tiene una temperatura más elevada que una que está fría. Si tomamos un objeto de metal caliente y se pone en contacto con otro similar pero más frío, al cabo de un corto periodo de tiempo, nuestros sentidos muestran que ninguno está más frío o más caliente que el otro; decimos entonces que los dos cuerpos han alcanzado un punto de equilibrio térmico (o de temperatura).

El cuerpo que antes estaba más frío se nota ahora más caliente y el que estaba más caliente está ahora más frío. ¿Qué ha ocurrido entonces? La conclusión es evidente, ha disminuido la temperatura del caliente y ha subido la del frío hasta llegar al equilibrio en que las dos temperaturas son iguales.

La impresión que percibimos es que "algo" se ha transmitido del cuerpo más caliente al más frío. Este "algo" sólo puede ser una forma de energía y la denominamos *calor*.

De esta manera tan simple hemos descubierto que calor es lo que pasa de un cuerpo a otro solamente como resultado de una diferencia de temperatura. La transferencia de calor que se ha producido depende en primer lugar de la variación de temperatura de cada cuerpo.

Para determinar diferencias de temperatura por un método más exacto que la simple observación de más frío o más caliente mediante nuestros sentidos, se dispone de un instrumento que todos hemos usado en múltiples ocasiones que se llama *termómetro*.

Un aspecto fundamental en la medición del calor es la indicación o la escala con lo que medimos. La más utilizada es la escala centígrada creada por Celsius en 1742. En esta escala se toman arbitrariamente dos puntos fijos, la temperatura de ebullición del agua en equilibrio con el aire y la temperatura de congelación de la misma, tomadas a la presión de 1 atmósfera (presión atmosférica al nivel del mar).

A la temperatura de ebullición Celsius le dio el valor de 100 grados y a la de congelación 0 grados (se representa ºC). La escala la dividió en cien partes iguales, extrapolando hacia arriba y hacia abajo con los mismos intervalos para cada grado.

De esta manera las temperaturas más bajas que la de congelación del agua vienen a ser negativas en la escala Celsius (en adelante centígrada) y las superiores a 0 ºC, evidentemente, positivas.

Esta escala es la más utilizada en las actividades cotidianas de la vida (excepto para los anglosajones que usan la escala Fahrenheit). En el mundo científico la escala más apropiada para su manejo en ecuaciones es la escala absoluta o Kelvin. En esta escala se define el cero absoluto como la temperatura a la que los átomos y moléculas tienen energía cero, o sea podemos decir que están "parados".

La escala Kelvin, por su significado termodinámico, es más lógica que la centígrada ya que 0 ºK es realmente un cero absoluto y a partir de ahí la temperatura va subiendo en función de la energía de que dispone un cuerpo. Esta energía proviene de las vibraciones continuas que experimentan los átomos y las moléculas.

El cero absoluto equivale a 273.16 grados centígrados bajo cero (-273.16 ºC). Para pasar de la escala Kelvin a la centígrada basta con sumar 273 (para simplificar) a la centígrada. De ésta manera la temperatura de congelación del agua es 273ºK (0 + 273) y la de ebullición es 373 ºK (100 + 273).

La temperatura del cero absoluto no se puede conseguir, pero en la actualidad se han llegado a alcanzar en experimentos físicos de laboratorio, temperaturas solo unos nanogrados por encima de cero absoluto[3].

Hemos citado antes que en termodinámica la mejor forma de expresar la energía es mediante el calor y definimos una unidad para esta variable que se llama *caloría*.

---

3 Un nanogrado es una milmillonésima parte de un grado (N del autor)

La caloría se define como la cantidad de calor necesaria para elevar en 1° la temperatura de 1 gramo de agua en las proximidades de 15°C. Ahora ya estamos en condiciones de definir la *capacidad calorífica* como aquella propiedad que multiplicada por la variación de temperatura, da la cantidad de energía que ha tomado o cedido un cuerpo en forma de calor, cuando se pone en contacto con otro cuerpo que tiene una temperatura diferente. O en términos matemáticos:

$$Q = C(T_2 - T_1) \qquad [4.2]$$

donde Q es el calor tomado o cedido, C lo que definimos como capacidad calorífica y $T_2 - T_1$ es la diferencia de temperatura siendo T_2 mayor que T_1

Aunque la cantidad de materia no figura expresada explícitamente en la fórmula [4.2] la capacidad calorífica es una propiedad proporcional a la cantidad de sustancia presente, por lo que siempre la debemos especificar y queda implícitamente incluida en el valor de C.

Cuando hablamos de capacidad calorífica normalmente nos referimos a 1 g de sustancia y en este caso hablaremos de *calor específico*. Si se trata de agua volvemos al concepto de caloría.

Para cerrar el apartado del calor veamos la relación entre el calor y el trabajo. Una de las características más importantes en que difieren el calor y las restantes formas de energía es que mientras estas últimas, en principio, son totalmente convertibles en trabajo, el calor no se puede transformar totalmente en trabajo sin producir alguna variación en el sistema o en su recipiente térmico.

Cuando consideramos un cuerpo sometido a la acción del calor, la ganancia o pérdida de energía se puede definir en función del calor cedido o tomado por él y del trabajo ejecutado sobre él o por él.

Entre los tipos de trabajo en los que está involucrado el calor, el más importante es el trabajo de expansión contra la presión exterior. Como aclaración la presión se define como la fuerza dividida por el área sobre la que se aplica. Se denomina P y su unidad es el newton por metro cuadrado que se llama pascal representado como Pa.

Consideremos una sustancia gaseosa, líquida o sólida, contenida en un cilindro de sección recta A (Fig. 4.5) cerrado con un émbolo sin peso y sin rozamiento, sobre el que se ejerce una presión constante, P; la fuerza total que actúa sobre el pistón será el producto de la presión por la superficie, estos es, P x A.

Si la sustancia del cilindro se expande dando como resultado que el émbolo se eleve una distancia h, se ha producido un trabajo al desplazarse la fuerza, que por la definición de trabajo, es el producto de esa fuerza por espacio recorrido. Este trabajo es P x A (fuerza) x h. Pero A x h es el volumen (base por altura) que se ha expandido la sustancia, que podemos expresarlo como la diferencia entre el volumen final y el inicial, esto es, V_1 y V_2 o lo que es lo mismo $V_2 - V_1 = \Delta V$ (incremento de V).

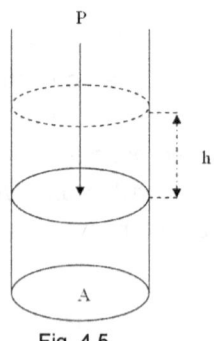

Fig. 4.5

Como consecuencia podemos establecer que el trabajo de expansión es igual a la presión por el incremento de volumen.

Queda más elegante si lo escribimos como la sencilla ecuación:

$$W \text{ (expansión)} = P \Delta V \quad [4.3]$$

En el próximo capítulo profundizaremos en la termodinámica y estudiaremos sus principios y las leyes que se derivan como el concepto de *orden* y su contrario, el *desorden*.

4.6 HIDRODINÁMICA

La hidrodinámica es la ciencia que estudia el movimiento de los fluidos en general y particularmente del agua de donde deriva su nombre. Las leyes de la hidrodinámica se aplican por tanto a gases y líquidos.

Corresponde a Daniel Bernoulli (1700-1782) el honor de ser el primero y más destacado físico que se dedicó al estudio de la hidrodinámica, además de ser un brillante matemático. En 1738 publicó su tratado sobre hidrodinámica donde postuló el teorema que rige las leyes del movimiento de los fluidos ideales que son aquellos en los que no existen fuerzas de rozamiento ni de viscosidad (recuerde el concepto de viscosidad expuesto en el capítulo III). No vamos a demostrar el teorema, pero expondremos las bases teóricas donde se apoya y algunas de sus expresiones en la vida cotidiana.

El teorema de Bernoulli se basa en analizar en un fluido en movimiento dentro de una conducción, las tres tipos de energías que actúan sobre él.

Por un lado tenemos la energía asociada a la velocidad con la que se mueve, en segundo lugar la energía potencial debida a la atracción gravitatoria de la Tierra y en tercer lugar la debida a la presión interna del fluido. El teorema establece que la suma de esas tres energías se mantiene constante a lo largo de la línea de corriente.

La ecuación se escribe de diferentes maneras pero una de las más corrientes es la que sigue:

$$H + \frac{P}{gd} + v^2/2\ g = \text{constante} \quad [4.4]$$

donde H es la altura sobre el suelo, P la presión del fluido, g la aceleración de la gravedad, d la densidad (= masa / volumen) y v la velocidad del fluido

Esta ecuación se puede aplicar cuando el flujo responde a ciertos requisitos como son que el fluido sea ideal (que no tenga viscosidad ni rozamiento), que el caudal sea constante, que el fluido no se pueda comprimir y que no se mueva formando torbellinos, sino en líneas de flujo paralelas.
A pesar de que ningún fluido real cumple las condiciones del ideal, el teorema se aplica con bastante precisión en las regiones del fluido con flujo libre, es decir cuando la línea de corriente está apartada de las paredes del conducto o depósito y funciona muy bien para los gases y los líquidos de baja viscosidad como el agua, etanol, etc.

Que el segundo miembro de la ecuación [4.4] sea igual a una constante significa que si planteamos la ecuación en una situación 1, por ejemplo una sección de un tubo S_1 y la comparamos con otra situación 2, en otra sección del mismo tubo S_2, el resultado de la suma de los tres miembros de la ecuación en ambas situaciones debe ser igual.

Esto implica que si aumenta la velocidad debe disminuir la presión para mantener constante la ecuación.

Las aplicaciones en la vida cotidiana son numerosas. Citaremos algunos ejemplos. Si aplicamos la formula [4.4] a una situación en la que la altura H es igual para la sección S_1 que para la sección S_2 o con una inclinación no demasiado importante, se puede demostrar que en la sección más grande la presión es mayor. Esto se puede aplicar al caso de una vena varicosa donde tiene lugar un ensanchamiento inicial; en este caso le corresponde una presión más alta y la vena continua ensanchándose automáticamente.

Otro caso es del vuelo de un avión. Fijémonos otra vez otra vez en la ecuación [4.4]. La geometría de la parte superior del ala aumenta la velocidad del aire (V_3) comprimiendo las líneas de flujo.

La presión en la cara superior debe disminuir para mantener constante la ecuación [4.4]. A más velocidad, menor presión encima del ala que debajo por lo que el "vacío" formado tira del ala hacia arriba, sujetando de esta manera el avión.

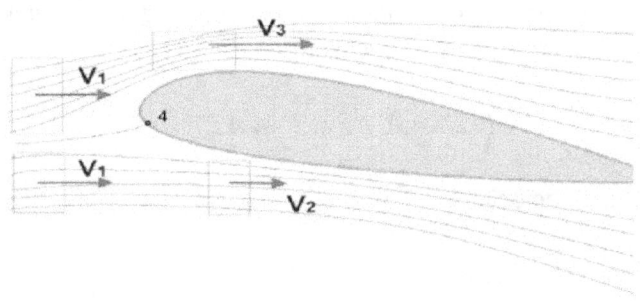

Fig.4.6 http://www.aviaciond.com

Para terminar, otro ejemplo conocido es el del pulverizador de agua accionado por una pera de goma o una pistola de plástico.

La presión ejercida al apretar la pera insufla una corriente de aire a gran velocidad en la boquilla que disminuye la presión en el tubito conectado al depósito de agua, haciendo ascender a ésta a la parte superior. Al chocar el aire con el líquido ascendente éste se pulveriza en pequeñísimas gotitas de agua. A este efecto se le conoce también como efecto Venturi y es el fundamento del funcionamiento de la inyección de gasolina en un automóvil.

Las conclusiones a las que llegó Bernoulli parten de aplicar el principio de la conservación de energía en el seno de un fluido.

El teorema de la conservación de la energía es fundamental en el comportamiento de la naturaleza y se base en que la cantidad total de energía no cambia, si no que se producen intercambios entre sistemas.

Como la energía se expresa también como un trabajo, podemos establecer, deduciendo de la fórmula de trabajo igual a la fuerza por el desplazamiento, la conservación del momento lineal o angular.

El momento lineal expresa la dificultad de reducir la velocidad de una masa en movimiento.

$$W \text{ (trabajo)} = F \, d = m \, a \, d$$

pero $a \text{ (aceleración)} = \dfrac{v}{t}$

sustituyendo en W tenemos:

$$W = m \, d \, \frac{v}{t} = m \, v^2 = (m \, v) \, v$$

porque d/t = v (m v es lo que llamamos momento lineal)

Luego de la conservación de la energía W se deduce también la conservación del momento lineal, ya que es un factor comprendido dentro de la propia definición de energía.

Ya vimos en el capítulo anterior dedicado a Newton, que el momento lineal era el producto de la masa por la velocidad lineal. De la misma manera el momento angular es el producto de la masa por la velocidad angular, que se da en lo cuerpos en rotación.

CAPÍTULO V
TERMODINÁMICA

Del mismo modo que el aumento constante de entropía es la ley básica del universo, la ley básica de la vida es estar cada vez mejor estructurado y luchar contra la entropía. Vaclav Havel

5.1 INTRODUCCIÓN

La termodinámica es la ciencia que estudia el calor y otras formas de energía en sus diferentes aspectos y comportamientos, constituyendo una disciplina fundamental para el conocimiento de los procesos naturales que se dan tanto en el microcosmos atómico como en los confines del universo. Trata todo lo relacionado con los intercambios de energía calorífica y constituye el fundamento, tanto para el estudio del comportamiento de los agujeros negros como el desarrollo de las reacciones químicas que regulan la vida de la materia viva.

Los orígenes de la ciencia Termodinámica se sitúan en el siglo XVIII. Los primeros científicos en interesarse y estudiar la ciencia del calor fueron Joseph Black y Benjamin Thompson (véase el capítulo anterior), pero es en el siglo XIX donde adquiere todo su desarrollo como ciencia según nuestro concepto actual de la misma.

El interés por la Termodinámica está muy relacionado con la máquina de vapor. A principios del siglo XVIII Thomas Newcomen inventó la máquina de vapor atmosférica.

El funcionamiento era muy simple: una caldera calentada con carbón o leña producía vapor de agua que hacía mover un pistón acoplado a una biela. En el momento de la expansión del vapor el pistón alcanzaba su máximo desplazamiento. La etapa siguiente consistía en introducir agua muy fría en la parte inferior del émbolo haciendo que la presión dentro del pistón descendiera ocasionando la vuelta del mismo a su posición original. El movimiento de vaivén originado se transmitía mediante una biela al mecanismo de movimiento de la máquina.

El rendimiento de la máquina era muy bajo debido a que el enfriamiento sucesivo del pistón hacía que su recorrido durante la expansión fuera disminuyendo progresivamente hasta que se paraba. No fue hasta 1774 que James Watt desarrolla la máquina de vapor que daría lugar a la revolución industrial en Inglaterra. Watt ideó un condensador exterior al circuito de vapor de manera que se evitaba el enfriamiento de la cámara de vapor que ocurría con la máquina de Newcomen aumentando de manera muy eficaz el rendimiento de la caldera.

La máquina de vapor empezó rápidamente a comercializarse como motor de las máquinas textiles y después se utilizó en los barcos de vapor y en el ferrocarril. En honor de Watt se designó, avanzado el siglo XIX, el Watt (vatio) como unidad de potencia equivalente a 1 julio /s.[4]

La termodinámica, al igual que la química con relación a la alquimia, nace dentro del esoterismo que se venía practicando desde la Edad Media. La alquimia era muy dependiente del manejo del calor y por eso no es de extrañar esa íntima relación entre ambas.

---

4 Otra unidad de potencia muy utilizada en la industria es el caballo de vapor. Su nombre viene del precio que se ponía a las máquinas de vapor, que era función del número de caballos (animales) que una máquina podía sustituir. 1000 vatios equivalen a 1,36 caballos de vapor.
Nota del autor

El descubrimiento de las leyes de la termodinámica supuso un freno a las especulaciones que hasta el siglo XIX se venían haciendo con la idea de fabricar una máquina de movimiento perpetuo.

La primera ley de la termodinámica estableció la ley de la conservación de la energía de manera que ésta no se crea ni se destruye, solo se transforma. La máquina de movimiento perpetuo exige en algún momento la creación desde la nada de energía exterior a ella, sin la que no podría seguir funcionando. Para acabar con el movimiento perpetuo en 1775 en París se emitió una declaración que afirmaba que <<la Real Academia de ciencias, ya no aceptará ni tratará propuestas relacionadas con el movimiento perpetuo>>[5].

La termodinámica se basa principalmente en dos postulados o principios fundamentales que resumen las experiencias relacionadas con la interconversión de las diferentes formas de energía presentes en la Naturaleza. Se denominan Primer y Segundo Principios de la termodinámica. Con estos postulados manejados con un sencillo aparato matemático, se pueden deducir resultados muy importantes para la química, la física, la ingeniería y aún la astronomía.

La termodinámica es eminentemente una ciencia práctica, es decir, sus resultados son evidentes desde el principio y fácilmente reproducibles. Los métodos que utiliza para su desarrollo no parten de la estructura atómica y molecular de las sustancias implicadas. Las conclusiones de la termodinámica se pueden relacionar directamente con la teoría cinética de la materia, pero no es una explicación propiamente dicha del fenómeno.

La teoría cinética de la materia explica que la energía contenida en forma de calor se debe al movimiento continuo de las moléculas o átomos que la forman.

---

5 Michael Brooks (2011). Grandes cuestiones. Física. Página 59. Ariel.

Este movimiento puede ser de vibración o de traslación.

Las moléculas o los átomos siempre se están moviendo, excepto en una situación determinada. Ésta se produce cuando las partículas se encuentran en posición de reposo. En ese momento no hay ningún tipo de energía debida al movimiento y se alcanza lo que se llama cero absoluto de temperatura que son 273,16 grados centígrados bajo cero, temperatura, que como se demostrará en su momento, no se puede alcanzar pero sí acercarse a valores de una milmillonésima de grado.

Cuando estudiemos mecánica cuántica veremos algún experimento en el que se puede llegar a "parar" un solo átomo.

La teoría cinética se aplica especialmente para describir las propiedades energéticas de los gases aunque es válida para todo tipo de sistemas. Para aplicarla es ilustrativo plantear las bases de razonamiento en que se apoya. En primer lugar definimos que un gas está formado por un gran número de partículas, o moléculas, que son pequeñas en comparación con las distancias que las separan y el tamaño del recipiente.

En segundo lugar decimos que las moléculas se están moviendo permanentemente, de forma desordenada y por último, los choques de las moléculas entre sí y con las paredes de recipiente son perfectamente elásticos, o sea que no se pierde energía de traslación durante el choque.

El contenido energético o más apropiadamente la *energía interna* de un sistema se debe al movimiento de traslación de las moléculas de los gases en particular, y en general de todas las substancias sean líquidos o sólidos. El movimiento de las moléculas lleva inherente una energía a la que llamamos energía cinética.

La fórmula clásica de la energía cinética de un cuerpo en movimiento rectilíneo es:

$$E_c = \frac{1}{2} m v^2 \quad [5.1]$$

Siendo m la masa del móvil y v su velocidad lineal.

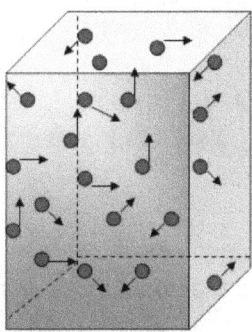

Fig.5.1 Modelo del movimiento de las moléculas de un gas

En cualquier caso, la descripción anterior de la energía interna es sólo conceptual, ya que, en la práctica, nosotros no podemos medir la energía interna de un sistema sino únicamente sus variaciones.

En otras palabras, sólo tiene realidad física las variaciones de energía interna de un sistema.

La figura 5.1 representa un modelo de moléculas de un gas encerrado en un volumen dado; las flechas indican la dirección de la velocidad lineal de cada molécula.

Esta velocidad lineal es la que interviene en la fórmula [5.1] de la energía cinética. Como podemos observar la distribución de velocidades es totalmente aleatoria; algunas rebotan en las paredes del recipiente, otras chocan entre sí, etc.

Cuando un cuerpo está en reposo esta energía cinética es cero por definición ya que *v* es igual a cero.

A medida que aumenta la velocidad de las moléculas, aumenta quadráticamente la energía cinética y el movimiento se hace más desordenado y caótico. Imaginemos el proceso contrario; debería ser un proceso en el que convertiríamos espontáneamente calor en trabajo.

Al sacar calor del sistema la energía cinética de las moléculas sería más baja y tendría que aumentar el orden para poder ejercer el trabajo.

Cuando el número de moléculas es muy grande, como pasa en las sustancias macroscópicas, la probabilidad de que las moléculas espontáneamente (sin ayuda exterior), se ordenen en una determinada dirección es muy baja; tan baja que nunca se ha observado este fenómeno.

Si los sistemas estuvieran formados por un número de moléculas pequeño, digamos cuatro y cinco, la posibilidad de que esas cuatro o cinco moléculas se orienten en una determinada dirección es pequeña, pero mucho mayor que cuando tenemos un elevado número de ellas. El estudio de la teoría cinética de los gases es una de las bases fundamentales del segundo principio de termodinámica.

La propiedad termodinámica observable que llamamos temperatura viene determinada por la teoría cinética de las moléculas.

La estructura en la que se apoya esta teoría, las moléculas y los átomos que las forman, no es observable por nosotros pero lo que sí podemos hacer es apreciar macroscópicamente sus resultados y estos vienen expresados por la temperatura.

Ya explicamos que entre las variables trabajo, energía y calor existe una estrecha relación. Trabajo y energía son conceptos equivalentes desde el punto de vista físico, pero en termodinámica se suele describir la energía como aquello que puede convertirse en calor, ya que el calor no puede convertirse completamente en trabajo. El resultado del trabajo o calor convertido se expresa mediante la temperatura alcanzada por el sistema.

La termodinámica clásica se aplica en regiones del universo delimitadas por ciertas paredes, reales o imaginarias llamados *sistemas*. Todo lo que rodea al sistema, que puede ser todo lo grande o pequeño que queramos, se llama *exterior o ambiente*.

Un sistema puede ser un depósito, una sala de cine, el planeta Tierra o todo el universo. Según el grado de intercomunicación entre el sistema y el ambiente tendremos diferentes tipos de sistemas. Así tendremos un sistema *cerrado*, el que no puede intercambiar materia con el exterior pero sí energía. Cuando puede intercambiar materia y energía se llama sistema *abierto*.

Al sistema que no puede intercambiar con el exterior materia ni energía le llamamos *aislado* y al que no puede intercambiar calor se llama *adiabático*. Por otro lado cuando en un sistema no se produce variación de volumen le llamamos sistema de *paredes fijas*.

Como vemos las definiciones de sistemas son muy intuitivas como corresponde a una ciencia eminentemente práctica.

En la figura 5.2 se visualizan los diferentes tipos de sistemas explicados donde el sistema se representa por un cubo, los intercambios permitidos con flecha verde y los no permitidos por flechas rojas.

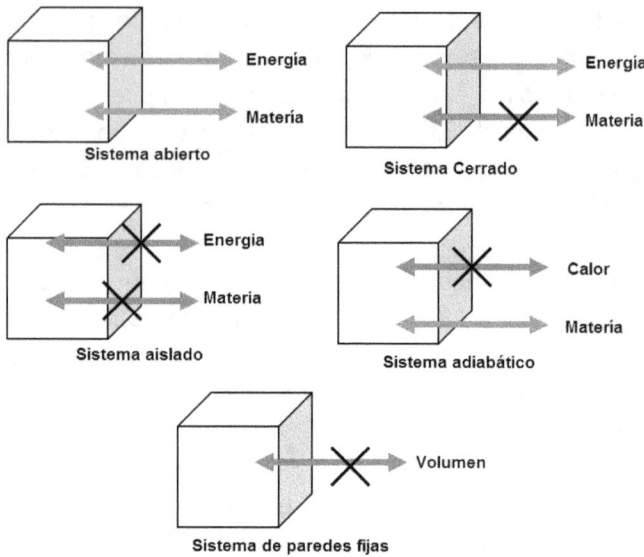

Fig. 5.2 Diferentes tipos de sistemas termodinámicos

Bajo otro punto de vista se considera *fase* cada una de las partes homogéneas, en toda su extensión, de que consta un sistema. Así en un líquido en equilibrio con su vapor hay dos fases: fase líquida y fase de vapor.

Los sistemas se pueden definir por sus variables termodinámicas observables experimentalmente. Las más importantes son la presión, el volumen y la temperatura. Estas tres unidades forma el sistema hidrostático de unidades empleado normalmente en termodinámica. Cuando podemos establecer una relación sencilla entre esas tres variables decimos que disponemos de una ecuación de estado para definir las propiedades de un sistema.

Todavía no se dispone de una ecuación de estado satisfactoria para sólidos y líquidos, sin embargo los gases se comportan razonablemente bien mediante la llamada ecuación de estado del gas ideal.

La ecuación [5.2] refleja que el producto de la presión de un gas por el volumen que ocupa es igual a la cantidad del gas multiplicada por la temperatura a la que se encuentra y por una constante R, llamada constante molar de los gases, determinada experimentalmente cuyo valor es $R = 8.31$ J/mol^{-1}K^{-1}

$$PV = n\,RT \quad [5.2]$$

donde

P = presión del sistema
V = volumen del sistema
n = cantidad de gas medida en moles
R = constante de los gases
T = temperatura del sistema

Para los gases reales la ecuación anterior no es válida, siendo necesarias unas correcciones que introdujo van der Waals en 1873. La ecuación [5.2] corregida por van der Waals toma la forma:

$$\left(P + \frac{a}{V2}\right)(V\text{-}b) = n\,RT \quad [5.3]$$

siendo *a* y *b* constantes propias de cada gas.

En las ecuaciones [5.2] y [5.3] hemos expresado la masa del gas en moles. El mol de cualquier sustancia es el *peso molecular expresado en gramos*.

Veamos un ejemplo con la molécula de nitrógeno. Sabemos por la química, que la molécula de nitrógeno está formada por dos átomos de nitrógeno y que se representa por N_2. También la química nos dice que el número atómico del nitrógeno es 7 y su peso atómico 14.

Esto significa que un átomo de nitrógeno está formado por un núcleo con 7 protones y 7 neutrones (= 14 partículas fundamentales) rodeados por una "nube" de 7 electrones (= número atómico).

Como la masa del electrón es despreciable frente a la del protón o la del neutrón se considera que toda la masa del átomo se concentra en el núcleo y por tanto está representada en el caso del nitrógeno por 14 gramos, (o lo que sea, que ahora veremos).

En 1811 el científico italiano Avogadro[6] postuló que para todas las sustancias, la cantidad 6,022 x 10^{23} representaba al número de moléculas (o átomos para las sustancias de molécula monoatómica) contenidas en un mol de materia y definió que el mol era el peso molecular o atómico expresado en gramos, bajo determinadas condiciones de presión y temperatura ($0°$ C y 1 atmósfera de presión para los gases).

Por ejemplo, 6,022 * 10^{23} son las moléculas contenidas en 2 gramos de hidrógeno (H_2), en 28 gramos de nitrógeno (N_2) ó 238 gramos de uranio (U) natural.

Vemos que para la misma cantidad de moléculas hay sustancias que pesan más que otras lo que nos está indicando, en primera aproximación, el tamaño de las mismas. El átomo de nitrógeno será 14 veces más grande que el de hidrógeno y el del uranio 119 veces mayor. El número de Avogadro es pues una de las constantes más importantes de la naturaleza.

Volviendo otra vez a la ecuación [5.2] podemos establecer el volumen que ocupa un mol de un gas ideal en condiciones normales de presión y temperatura ($°$ C; 1 atm). En efecto, la ecuación [5.2] se puede expresar también de la forma:

$$V = \frac{RT}{P} \quad \text{ya que} \quad n = 1 \text{ mol} \quad [5.4]$$

---

6 Lorenzo Romano Amedeo Carlo Avogadro, Conde de Quaregna y Cerrato (Turín 1776-Turín 1856) fue profesor de física en la universidad de Turín. Avanzó en el desarrollo de la teoría atómica y descubrió la ley que lleva su nombre. Wikipedia.

Como vemos el segundo miembro de [5.4] no depende de la naturaleza química del gas y por tanto es otra constante de los gases en condiciones normales.

Si en la ecuación [5.4] sustituimos R, T y P por sus valores y operamos:

$$V = 0.082 \times 273.16 / 1 = 22.399 \text{ litros}$$

La cantidad 22,4 litros se conoce como el volumen molar de los gases ideales.

Otro aspecto importante para la descripción de una mezcla de gases ideales es el de la presión parcial. Ésta resulta de considerar que cada gas ideal se comporta en la mezcla, independientemente de los otros. De esta manera se define la presión parcial de un gas como aquella que ejercería si ocupase él solo todo el volumen disponible.

Así la presión total del sistema será la suma de las presiones parciales de los gases que constituyen la mezcla. Cuando aplicamos la ecuación [5.2] a la mezcla, se puede demostrar fácilmente que la presión parcial de un determinado gas es igual a la presión total multiplicada por la relación de moles entre el gas y la totalidad:

$$p_i = \frac{P * ni}{n} \quad [5.5]$$

Estas consideraciones son relevantes cuando debemos estudiar el comportamiento de los gases de la atmósfera. Los gases más importantes que la forman en los primeros kilómetros de espesor (troposfera) son nitrógeno (78%), oxigeno (21%), argón (1%) además de vapor de agua en proporciones variables entre el 1 y 4% en la parte más próxima a la superficie de la Tierra.

El resto de gases se encuentran solo en proporciones muy pequeñas que se miden en partes por millón (ppm). Como la proporción entre el nitrógeno, oxigeno y argón se mantiene prácticamente constante, la única variable es la cantidad mayor o menor de vapor de agua dependiendo de las condiciones meteorológicas.

¿Por qué baja la presión atmosférica en una zona de la atmósfera que tiene mucha humedad? En primer lugar por la disminución de la densidad de la mezcla debido a la presencia de un gas que tiene menor densidad como es el caso del vapor de agua.

En la tabla 5.1 se muestran los pesos moleculares expresados en gramos de los gases de la mezcla atmosférica. El vapor de agua es con mucho el de menor peso y por tanto el menos denso de la mezcla y el que hace bajar la presión. Unido a su menor densidad el vapor de agua tiene un mayor contenido energético y por tanto menor densidad. En estas condiciones se puede originar una borrasca.

Nitrógeno	Oxígeno	Argón	Vapor de agua
28	32	40	18

Tabla 5.1 Pesos moleculares de los principales gases de la atmósfera

Así que una bajada paulatina y significativa en la indicación del barómetro nos advierte que está aumentando la humedad del aire y puede dar lugar a precipitaciones a corto plazo.

5.2 PRIMER PRINCIPIO DE TERMODINÁMICA

El primer principio de la termodinámica es el que establece la conservación de la energía. En 1847 el físico y médico alemán H. Von Helmholtz[7] demostró que la imposibilidad de lograr un movimiento perpetuo y la equivalencia entre trabajo y calor, no eran sino aspectos parciales de un principio mucho más general que se conoce como el principio de la conservación de la energía.

Esto implica que la energía no se crea ni se destruye; lo que sí puede es transformarse de una forma en otra.

Otra manera de enunciar el primer principio de termodinámica es el siguiente: siempre que se produzca una cantidad de una clase de energía se deberá consumir la misma cantidad exactamente equivalente de otra clase. La ley de la conservación de la energía es una ley deducida de la experiencia y basada en la hipótesis de que es universal.

Cuando definimos en qué consistía un sistema aislado lo hicimos diciendo que es aquel que no puede intercambiar ni materia ni energía con el exterior aunque pueda haber cambios de una forma de energía en otra. Así cualquier pérdida o ganancia de energía en el sistema aislado ha de compensarse exactamente por los cambios producidos en el recipiente térmico.

Existen algunos procesos en los que aparentemente no se cumple el principio de la conservación de la energía. Por ejemplo, en ciertas reacciones nucleares se produce una gran liberación de energía sin la desaparición "aparente" de una cantidad equivalente de energía de otra clase.

---

7 Herman Von Helmholtz (1821-1894). Nació en Potsdam, hijo de un catedrático de instituto. Fue profesor de física en Berlín y dio clases a Max Planck, entre otros.

Parece como si la energía nuclear se crease de la nada.

Esta aparente contradicción viene explicada por la más mediática ecuación de la física enunciada por Einstein dentro del conjunto de ecuaciones de la teoría de la relatividad especial:

$$E = m\, c^2 \quad [5.6]$$

que también puede expresarse como:

$$\frac{E}{m} = c^2 \quad [5.7]$$

donde E es la energía de un sistema, m su masa y c la velocidad de la luz, que es una constante universal.

La ecuación indica que la relación entre masa y energía es constante y por tanto si E aumenta, m debe aumentar también para que no varíe el valor del cociente c^2. Entonces cuando en una reacción nuclear se está liberando una cantidad de energía, ésta proviene de la disminución (pérdida) en la misma proporción de la masa del sistema.

Se ha comprobado experimentalmente que la variación de masa encontrada en los núcleos atómicos se corresponde exactamente con la variación de energía observada según la ecuación de Einstein. En conclusión, en este caso no se contraviene el principio de la conservación de la energía. Cuando se planteó ésta ecuación Max Planck[8], la explicó de una manera más cercana enunciando que una sartén caliente pesa más que si está fría[9].

---

8 Max Planck (1858-1947) Físico alemán fundador de la física cuántica. Premio Nobel de física en 1908.
9 Comentario de Michael Brooks en Grandes Cuestiones. Física. Ariel 2011.

Es un manera muy gráfica de hacernos ver que el incremento de energía al calentarse la sartén va acompañada de un aumento correspondiente de la masa.

La energía que se considera en termodinámica es la que es característica del sistema debido a la energía de traslación de las moléculas en movimiento, la energía de vibración y rotación de las moléculas así como la energía de los electrones y los núcleos de los átomos. A esta energía la llamamos contenido energético o *entalpía*. Otra forma de expresar el primer principio es que el cambio de energía que se produce al pasar un sistema de un estado termodinámico a otro, depende solo de los estados inicial y final pero no del camino recorrido.

Cuando un sistema realiza un trabajo mecánico pierde energía W debido al trabajo ejecutado y gana energía en forma de calor Q, el balance neto de energía es Q – W. Según el primer principio de termodinámica el balance neto de energía debe ser idéntico al contenido energético del sistema, definido según el movimiento de las moléculas y átomos que lo componen. Así que podemos expresar también el primer principio en la forma de la siguiente ecuación:

$$\Delta E = Q - W \quad [5.8]$$

Cuando el sistema vuelve a su situación original el contenido energético de los estados original y final es el mismo y en consecuencia ΔE es igual a cero.

De esta manera se cumple, según la ecuación [5.8] que el calor tomado o cedido por el sistema es igual al trabajo mecánico ejecutado:

$$Q = W \quad [5.9]$$

Otra consideración importante deducida de la ecuación [5.8] es que el calor Q y el trabajo W no se consideran propiedades termodinámicas del sistema, mientras que sí lo es el contenido energético E.

Ahora es el momento de introducir el concepto de *reversibilidad* y su contrario, *irreversibilidad*. Que un proceso termodinámico sea *reversible* significa que todos los cambios que tienen lugar en cualquier parte del proceso, por ejemplo en la dirección de izquierda a derecha se invierten cuando el proceso se verifica en la dirección opuesta.

Al mismo tiempo se debe cumplir que tanto el sistema como su recipiente térmico deben volver a sus estados primitivos. Resulta obvio que en estas condiciones, el sistema se encuentra en un estado de equilibrio virtual y para que esto ocurra la velocidad del proceso debe ser infinitesimalmente lenta.

Hay muchos procesos físicos que se encuentran en situación de equilibrio termodinámico, por ejemplo la evaporación de agua en contacto con una determinada cantidad de aire. Imaginemos un recinto cerrado a temperatura y presión constante y una lámina de agua en su base inferior.

El equilibrio se alcanza cuando la velocidad de evaporación de las moléculas de la superficie de la lámina es igual a la velocidad de condensación del vapor contenido en el aire sobre esa misma superficie.

El proceso no está inmóvil, lo que ocurre es que el número de moléculas que están pasando al aire es igual al número de moléculas que se incorporan al líquido. Si sube la temperatura del recinto, se produce un desplazamiento neto de moléculas de agua desde el líquido al aire hasta que se alcance un nuevo equilibrio.

Resumiendo los conceptos básicos del primer principio de la termodinámica podemos decir lo siguiente:

a) La energía ni se crea ni se destruye, solo se transforma (principio de conservación de energía)

b) No puede existir una máquina de movimiento perpetuo.

c) Calor y trabajo son formas equivalentes de energía.

d) La masa y la energía son manifestaciones distintas de la misma cosa.

e) El movimiento de las partículas (átomos y moléculas) que forman la materia se traduce en el contenido energético de la sustancia y se debe exclusivamente a la estructura íntima de la materia.

5.3 SEGUNDO PRINCIPIO DE TERMODINÁMICA

El segundo principio de la termodinámica, también llamado Segunda Gran Ley, es complementario del primero en el sentido de que establece o aclara si un proceso determinado que cumple el primer principio irá en una dirección o en otro o incluso si permanecerá estable.

Por ejemplo, el primer principio no nos indica si el agua puede evaporarse espontáneamente; lo que único que nos indica es que si el agua se evaporase, a menos que se le suministre calor del exterior, se produciría un descenso de temperatura que se correspondería con un contenido energético equivalente al trabajo ejecutado al vencer la gravedad.

De la misma manera el primer principio no nos dirá si una barra de metal de temperatura uniforme, se puede calentar en un extremo y enfriarse en el otro de manera espontánea. Todo lo que nos puede indicar es que si ese proceso tiene lugar, el calor ganado en un extremo debe ser igual al perdido en el otro. Es el segundo principio el que nos dirá la probabilidad de que esos procesos se realicen.

El segundo principio nos informará que *no es posible convertir completamente el calor en trabajo sin que se verifique algún cambio en el sistema o en el recipiente térmico.*

Para comprender las condiciones que van a ser necesarias para que un determinado proceso se verifique es necesario conocer algunos procesos que sabemos que son espontáneos.

La experiencia nos dice que la expansión de un gas en un espacio vacío, o de una región a otra de menor presión, tiene lugar de manera espontánea hasta que la distribución de presiones es uniforme en todo el conjunto.

La conducción de calor de un lugar caliente a otro frío hasta que se igualan las temperaturas en todo el sistema, es otro ejemplo de proceso espontáneo. Cuando se produce un proceso espontáneo el sistema evoluciona hacia lo que llamamos un equilibrio termodinámico.

En los procesos espontáneos, la experiencia nos enseña que nunca se invierte el sentido del proceso sin la intervención de un agente externo.

En consecuencia podemos decir que los procesos termodinámicos no son termodinámicamente reversibles. Esta observación es la base fundamental del segundo principio de la termodinámica.

Algunos ejemplos que lo ponen de manifiesto son: nadie ha observado que un gas distribuido de forma homogénea en un recipiente se concentre él solo en un extremo del mismo reduciendo la presión en el otro extremo; nadie ha observado nunca la separación espontánea de los componentes de una mezcla de gases; tampoco nadie ha comprobado que una barra metálica se caliente en un extremo y se enfríe en el otro de forma espontánea; por último tampoco se ha comprobado que un vaso de vidrio que caiga al suelo y se haga mil pedazos, se recomponga espontáneamente en el vaso sin romper.

De estos ejemplos no podemos establecer la imposibilidad de recomponer estos procesos espontáneos, sino que la probabilidad de que eso suceda en la naturaleza es extremadamente pequeña, aunque no nula. La física cuántica se apoya en estos conceptos de probabilidad para explicar fenómenos sorprendentes a nivel de las partículas fundamentales, pero nunca contradicen el segundo principio de la termodinámica por muy extraño que sea el comportamiento de la materia a esa escala.

Para invertir los procesos espontáneos, se necesita aplicar una energía externa al sistema. Así, si aplicamos en una vasija una presión con un émbolo, podemos concentrar un gas en un espacio mucho menor que el que ocupaba al principio, creando un vacío en su lugar. Para ello hemos de ejecutar un trabajo contra el gas que producirá a su vez calor y la temperatura del gas será mayor.

Otra forma de expresar el segundo principio dice que *es imposible construir una máquina que operando cíclicamente, no produzca otro efecto que la absorción de calor de un depósito y su conservación en una cantidad equivalente de trabajo.* El operar cíclicamente significa que el sistema vuelve a las condiciones iniciales después de cada ciclo.

Una consecuencia es que no es posible convertir calor en trabajo mediante un ciclo isotérmico (temperatura inicial igual a temperatura final), esto es, a temperatura constante. La imposibilidad de convertir isotérmicamente calor en trabajo de forma continua hace que sea imposible el movimiento perpetuo de segunda especie [10]

El océano se puede considerar un depósito de calor a temperatura constante, Así no es posible producir trabajo de la energía térmica contenida en los océanos que están a la misma temperatura sin producir cambio en alguna parte.

El segundo principio de la termodinámica introduce el concepto de *entropía* que es una variable de importancia fundamental en la ciencia de la física. La definición dada por los físicos se expresa mediante la siguiente fórmula:

$$\Delta S = \frac{Qrev}{T} \quad [5.11]$$

que significa que el incremento de entropía, S, es igual al calor reversible tomado por el sistema dividido por la temperatura a la que se verifica el proceso. Hemos definido la entropía de manera indirecta como el incremento en lugar de la variable absoluta. Esto está hecho de manera consciente porque así resulta más fácil definir el concepto. La entropía al igual que la energía es una propiedad extensiva, es decir, que depende de la masa del sistema.

Aplicando la ecuación [5.11] a un sistema y el ambiente que le rodea (nuestro universo) se puede demostrar matemáticamente que en cualquier proceso irreversible hay una ganancia final de entropía del sistema y su medio ambiente.

---

10 Movimiento perpetuo de segunda especie es la utilización de las grandes reservas de energía existentes en el océano y en la tierra. Samuel Glasstone. Termodinámica para químicos.

Esto ocurre en los procesos irreversibles. Cuando no hay ganancia de entropía, es decir, cuando ΔS es igual a cero el proceso está en una situación de reversibilidad. La condición de que ΔS sea negativo no se contempla por la propia definición de entropía según hemos demostrado en el párrafo anterior.

Vemos que la entropía solo puede tomar valores positivos o cero por lo que se puede expresar también como:

$$\Delta S \geq 0$$

que a diferencia de otras ecuaciones que hemos visto hasta ahora, que la segunda ley de la termodinámica se exprese como una desigualdad significa que cierta magnitud conocida como entropía de un sistema aislado es mayor o al menos igual en el estado final que en el estado inicial.

Cuando estudiamos los diferentes procesos que tienen lugar espontáneamente, y que van acompañados por un aumento final de entropía, se muestra que esos procesos van asociados con un aumento en el desorden de la distribución de las moléculas de que están compuestos. Algunos ejemplos evidentes son la difusión de un gas en otro y la conducción espontánea de calor en una barra metálica.

En el caso de la mezcla de dos gases, las moléculas que en un principio mantenían un cierto orden al estar separadas, durante la mezcla se ven obligadas a desplazarse a otros lugares y consecuentemente más desordenados. Al conducir el calor a lo largo de una barra metálica, la energía cinética de las moléculas del metal aumenta. Este aumento va acompañado de un mayor desorden.

Como consecuencia de las experiencias anteriores parece razonable postular una relación entre la entropía de un sistema y el grado de desorden en el estado dado.

Supongamos que tenemos un cubito de hielo y éste se licua. Evidentemente el orden de las moléculas en el hielo, que es un sólido, es mayor que en líquido. Las moléculas de agua al pasar de sólido a líquido ganan en movilidad y por tanto se desordenan frente al hielo. Para fundir éste hielo ha habido que aplicar un calor, llamado calor de fusión. Según la fórmula [5.11], si aumenta el calor q, aumenta de la misma manera la entropía ya que la temperatura no ha variado al estar en un cambio de estado.

Como aclaración, un cambio de estado es el paso de sólido a líquido, de líquido a gas o viceversa. Los cambios de estado se producen a una temperatura fija, es decir, son isotérmicos. Así el agua se solidifica a 0 °C y hierve a 100 °C. Esas son en estos casos las temperaturas de cambio de estado del agua.

Por último una consideración acerca de las implicaciones biológicas. Algunos autores consideran que la existencia del Segundo principio es un requisito esencial para la vida, de manera que seres vivos como nosotros solo podrían existir en un universo en el que se cumpla el segundo principio de termodinámica, siendo este principio un ingrediente esencial entre otras cosas para la selección natural. Sin embargo otros autores como R. Penrose[11], cuestionan este principio <<antrópico>>[12] de la Segunda ley de la termodinámica por considerarlo confuso y poco estudiado.

5.4 TERCER PRINCIPIO DE TERMODINÁMICA

El tercer principio de la termodinámica no conduce a conceptos nuevos, solamente postula un limite al valor de la entropía.

---

11 Roger Penrose 2010. Ciclos del tiempo. Debolsillo
12 Antrópico: influido o asociado por el hombre como especie humana (Wikipedia)

Su enunciado es el siguiente: *"toda sustancia tiene una entropía positiva finita, pero en el cero absoluto de temperatura puede resultar cero, y así sucede en el caso de una sustancia cristalina perfecta"*[13]. Una sustancia cristalina perfecta es una sustancia en estado sólido puro. El vidrio no es una sustancia cristalina pura ya que no forma cristales y por tanto es totalmente amorfo.

Se puede proponer una explicación en línea con las ideas utilizadas en que están basados los principios primero y segundo, haciendo uso de nuevo del contenido energético. Éste se basaba en los movimientos de las moléculas y según el tercer principio, en el cero absoluto no hay ninguna energía. Como la energía viene de los movimientos de traslación de las moléculas se deduce que las moléculas no se mueven. Están "paradas".

Así debe ocurrir cuando las moléculas se encuentran inmovilizadas en el cristal perfecto de una sustancia en estado sólido. Como la energía es el calor interno de las moléculas, si no hay energía o calor en el sistema, éste se debe encontrar en el cero absoluto de temperatura, ya que no puede haber calores negativos.

Recordemos que el cero absoluto de temperaturas de la escala Kelvin se corresponde con -273.16 °C. Otra conclusión del tercer principio es que no pueden existir sustancias en estado líquido o gaseoso en el cero absoluto, es decir que cualquier sustancia en el cero absoluto, estará solidificada, incluyendo gases tan ligeros como el hidrógeno que se licua a tan sólo 14 °K o sea -259 °C a la presión normal de 1 atmósfera.

El segundo principio nos enseñó que la entropía está relacionada con el orden de las moléculas de un sistema de manera que mayor entropía se corresponde con mayor desorden del sistema.

---

13 Samuel S. Glasstone. Termodinámica para químicos.1969. Aguilar

Aplicando sencillos conceptos estadísticos podemos establecer una relación cuantitativa entre entropía y probabilidad. Veamos como.

Supongamos que tenemos dos esferas A y B unidas por un grifo g, tal como se indica en la figura 5.3.

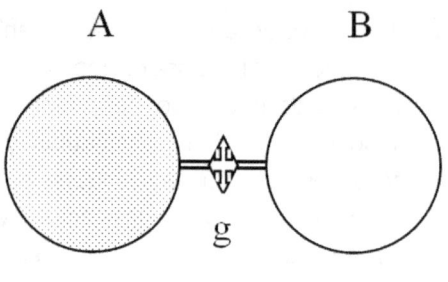

Fig. 5.3

La esfera A contiene un gas y en la esfera B se ha hecho el vacío. Cuando abrimos el grifo g, según el segundo principio de la termodinámica, habrá una probabilidad muy grande de que siempre que haya un número suficiente de moléculas de gas en la esfera A, el gas se distribuirá homogéneamente en las dos esferas.

Supongamos ahora que en el sistema formado por las dos esferas interconectadas hay solo una molécula. La probabilidad de que la molécula se encuentre en la esfera A o en la esfera B en un instante dado será del 50%, esto es, ½. Si en lugar de una molécula hubiera dos moléculas iguales, *a* y *b*, es fácil deducir que la probabilidad[14] de que ambas se encuentren en una de las esferas es de ½ x ½ es decir $(1/2)^2$ ó ¼.

---

14 Probabilidad de un suceso es el número de casos favorables dividido por el número de casos posibles (Nota del autor).

En el cuadro siguiente se describen las cuatro posibilidades.

Para la esfera A:

Caso 1	Caso 2	Caso 3	Caso 4
están a y b	está solo a	está solo b	ninguna

Casos favorables: 1 (el caso 1) casos posibles: 4 la probabilidad es 1/4

Para la esfera B la situación es la misma.

Si las moléculas fueran 3, la probabilidad de que las tres estuvieran en la misma esfera sería $(1/2)^3 = 1/8$ y así sucesivamente para las siguientes moléculas. En el caso de N moléculas la probabilidad será evidentemente $(1/2)^N$.

Según el principio de Avogadro, en una esfera de un litro tendríamos aproximadamente 10^{22} moléculas a temperatura y presión normales. Aplicando el razonamiento anterior, la probabilidad de que las 10^{22} moléculas estén en una de las dos esferas será $(1/2)$ elevado a 10^{22}, es decir, aproximadamente igual a 1 dividido por 2^{23}.

Esta probabilidad es prácticamente igual a cero. Mediante la aplicación de la ecuación de estado de los gases perfectos [5.2], podríamos deducir que incluso a la presión una millonésima de atmósfera, el número de moléculas presentes seria de unas 10^{16}, por lo que la probabilidad de que las N moléculas continúen en una sola de las esferas después de abrir el grifo de comunicación, sigue siendo prácticamente cero.

En estos razonamientos hemos tratado un caso extremo: esfera A llena y esfera B vacía.

Siguiendo las mismas reglas basadas en probabilidades, se demuestra también que cualquier fluctuación espontánea en la distribución uniforme del gas, una vez abierta la llave, es tan extremadamente pequeña que no sería probable observarla ni en periodos de tiempo muy grandes.

Siguiendo con el tratamiento probabilístico podemos deducir que en los procesos espontáneos se pasa de un estado menos probable a otro más probable. Los procesos naturales se mueven en la dirección de mayor probabilidad o entropía.

En la actualidad se está tratando de dar un enfoque interesante a la relación entropía y desorden a través de una variable conocida como *profundidad termodinámica*. El enfoque lo plantean los físicos Seth Lloyd (1960) y Heinz Pagels (1939 – 1988) tal como lo refiere Ramón Margalef en el artículo publicado en Investigación y ciencia en 1999[15] y que resumimos a continuación.

La profundidad termodinámica es <<una medida que enlaza complejidad y termodinámica. El parámetro se define nulo en los estados de máxima ordenación y en los totalmente aleatorios, mientras que su valor es elevado en los estados intermedios.

También se puede interpretar la profundidad termodinámica como una medida de la dificultad que entraña reunir algo: la diferencia entre la cantidad de información necesaria para describir el sistema ahora y la cantidad precisa para describir todos los estados en que podía hallarse al comienzo del proceso>>.

---

15 Temas nº 16 Investigación y ciencia 2º trimestre de 1999. "La complejidad, cuantificada". Ramón Margalef.

La profundidad termodinámica será proporcional a la cantidad de información que se descarta en el proceso. La medida tendría varias propiedades aprovechables.

<<La profundidad termodinámica de un bacteria es muy elevada, porque, a lo largo de los eones[16], la evolución ha descartado gran cantidad de información genética hasta llegar a los ejemplares actuales.

La profundidad termodinámica añadida cuando obtiene una copia de sí misma es relativamente pequeña>>.

¿Para que sirve medir la complejidad? La respuesta del autor es que <<si se demuestra que la profundidad termodinámica resulta de aplicación general, podría constituir una herramienta de estudio de los sistemas complejos: la evolución y procesos biológicos como el auto ensamblaje de las proteínas, donde la tendencia universal de la materia hacia el desorden sufre una inversión local. También podría resolver lo que ahora es una simple conjetura como es que los sistemas complejos son, por necesidad, termodinámicamente inestables>>.

5.5 TERMODINÁMICA ESTADÍSTICA

Para terminar el tema de la Termodinámica comentaremos brevemente los planteamientos de la Termodinámica estadística

Al hablar del Tercer principio, hemos calculado la probabilidad de que las moléculas de un gas no se distribuyan de una forma aleatoria y desordenada y el cálculo de probabilidades nos ha indicado que la probabilidad de que eso no ocurra es prácticamente cero.

---

16 Los eones son los períodos en los que se encuentra dividida la historia de la Tierra desde el punto de vista geológico y paleontológico (Wikipedia).

La consecuencia es que la termodinámica se podría explicar no solo en función de propiedades macroscópicas como presión, volumen y temperatura de sustancias tomadas en su conjunto, sino que si estudiamos el comportamiento de una molécula y por extensión de un conjunto importante de ellas, también se pueden deducir principios aprovechables y en consonancia con los obtenidos a partir del comportamiento macroscópico. De esto es precisamente de lo que trata la termodinámica estadística.

El tratamiento estadístico de la termodinámica viene como resultado de que la termodinámica clásica o macroscópica, no es capaz de dar valores numéricos a una serie parámetros. Por ejemplo la termodinámica clásica nos dice de una manera exacta como varía el calor específico de una sustancia con la temperatura, pero es incapaz de calcular ese valor. Solo lo puede conocer por medidas experimentales. Por eso parece razonable pensar que los valores numéricos de los parámetros característicos de cada sustancia dependan de las propiedades atómicas y moleculares de ésta.

Por tanto podemos decir que la termodinámica estadística trata de encontrar los valores de propiedades de las sustancias mediante el estudio del conjunto de sus moléculas y átomos.

Para dar forma a las ideas expuestas anteriormente y así poder relacionar una determinada propiedad macroscópica con otra microscópica, necesitaremos de un principio o postulado que nos conecte el comportamiento macroscópico con el microscópico. Este postulado fue formulado por L. Boltzman[17] en 1896, antes de que se desarrollase la mecánica cuántica, que es la ciencia que estudia el comportamiento de los átomos a nivel individual.

---

17 Boltzman (1844-1906). Físico austriaco introductor de la mecánica estadística. Al parecer se suicidó por el rechazo de la comunidad científica sus tesis sobre la teoría atómica y molecular (Wikipedia).

¿Cuál fue la aportación de Boltzman? Boltzman observó que para un sistema aislado en evolución espontánea, desde el punto de vista macroscópico la entropía aumenta en cumplimiento del segundo principio y que desde un punto de vista mecánico, el desorden aumenta también. Veamos el siguiente ejemplo para entenderlo mejor.

Supongamos que tenemos una estantería con dos libros iguales. Solo hay una configuración de orden posible: dos libros idénticos, AA. Si ahora colocamos dos libros distintos A y B, existen dos maneras de colocarlos en orden, AB o BA, es decir dos estados ordenados. Imaginemos que hay tres, A, B y C, entonces las posibilidades aumentan: ABC, ACB, BAC, BCA, CAB y CBA.

Hay dos posibilidades para cada libro empezando por él mismo. A medida que aumenta el número de libros las posibilidades lo hacen de manera exponencial según la figura probabilística del número factorial, que se expresa como **n!**. El desarrollo algebraico de n! es igual a:

$$n \times (n-1) \times (n-2) \times (n-3) \times ...(n-n+1)$$

Por ejemplo el factorial (**n!**) del número 10 es 10 x 9 x 8 x 7 x 6 x 5 x 4 x 3 x 2 x 1= 3.628.800. Es decir que el número de formas de ordenar 10 libros diferentes es 3.628.800.

Cada una de ellas es un microestado del sistema. Supongamos que consideramos solo uno de los microestados como *ordenado*, por ejemplo el alfabético.

Si tomamos el conjunto de los diez libros y los colocamos sin prestar atención, es prácticamente seguro que los libros quedarán desordenados. Si repetimos está operación varias veces, cada vez saldrá una configuración distinta.

De esto deducimos que para que no aparezcan desordenados habremos de realizar un esfuerzo (aportar energía) para que aparezcan ordenados alfabéticamente. Parece razonable, por tanto, relacionar el desorden con el número de configuraciones del sistema.

Apliquemos el razonamiento a un mol de un gas en condiciones normales de presión y temperatura (véase el concepto de mol en el punto 5.1). Por la ley de Avogadro sabemos que en ese mol existen 6.022×10^{23} moléculas en el volumen de 22.4 litros. El número de configuraciones es enorme (igual al factorial de 6.022×10^{23}). Si a eso añadimos que cada molécula puede estar en diferentes estados de movimiento (rotación, traslación y vibración) el número de configuraciones aumenta aún más pero no llega a ser infinito. Es un número extremadamente elevado pero finito. Si en el párrafo anterior hemos establecido la relación entre desorden y número de configuraciones, podemos concluir que el desorden en un mol de gas es muy grande.

Supongamos ahora que solidificamos el gas. El volumen que ocupan las 6.022×10^{23} moléculas será mucho menor y por tanto el número de configuraciones disminuirá simplemente porque habrá menos lugares físicos donde las moléculas puedan situarse. Además, si el sólido formado tiene estructura cristalina, las moléculas se ven obligadas a ocupar lugares determinados dentro del cristal y por este motivo el orden ha aumentado.

CAPÍTULO VI
ELECTROMAGNETISMO

Lo que esa teoría tenía de revolucionaria era
el haber cambiado el concepto de fuerzas que actúan
a distancia, por el de campos considerados como
magnitudes fundamentales. A. Einstein, sobre la teoría
electromagnética de la luz de Maxwell

6.1 INTRODUCCIÓN

Durante el siglo XVIII aparecieron las primeras ideas y se realizaron los primeros experimentos sobre la electricidad por un lado y el magnetismo por otro. Como vimos en el capítulo IV científicos como B. Franklin, Cavendish y Volta experimentaron con la electricidad y a medida que transcurría el siglo se fue acumulando conocimiento sobre el fenómeno eléctrico posibilitando la definición de leyes que explicaran los fenómenos observados.

Ya al finalizar el siglo XVIII Coulomb enunció la ley que definía la fuerza atractiva entre dos cargas eléctricas como directamente proporcional al producto de sus cargas e inversamente proporcional al cuadrado de la distancia que las separa (fórmula 4.1). Pero no fue hasta la segunda mitad del siglo XIX que el físico escocés J. C. Maxwell (1831-1879) formuló los principios del electromagnetismo que se mantienen vigentes hasta nuestros días con la salvedad de las correcciones introducidas por la teoría especial de la relatividad de Einstein.

Para expresar su teoría sobre el electromagnetismo, Maxwell propuso cuatro ecuaciones que se consideran uno de los pilares sobre los que se asienta la física moderna.

La evolución de los conocimientos sobre electricidad y magnetismo comienza con el trabajo de Franklin sobre sus experimentos con los relámpagos. En 1820 el físico danés Orsted descubre la relación entre la electricidad y el magnetismo mediante experimentos con imanes sometidos a la acción de una corriente eléctrica; en 1831 Faraday descubre la inducción electromagnética, que estudiaremos después en este capítulo, y por fin Maxwell publica en 1873 su teoría electromagnética condensando los descubrimientos anteriores.

Esta teoría establece el carácter ondulatorio del electromagnetismo. En el capítulo 4 vimos la definición de onda y los parámetros que la definen, es decir, la frecuencia, el periodo y la longitud de onda.

En el siglo XVIII se descubrió igualmente que hay dos tipos de carga eléctrica, positiva y negativa que no se pudieron explicar de manera científica hasta el descubrimiento del átomo y sus partículas constituyentes ya en el siglo XX. El hecho de encontrar cargas eléctricas positivas y negativas fue un hecho totalmente empírico que debió ocurrir a la vista de experimentos como los que se describen a continuación.

Aproximemos a una pequeña bolita de corcho suspendida por un hilo una varilla de vidrio electrizada por frotamiento. Observamos que el vidrio atrae al corcho. Fig. 6.1a. Hagámoslo ahora con una varilla de ámbar, electrizada por el mismo sistema; también la bolita es atraída por el ámbar. Ahora acerquemos las dos varillas, de vidrio y de ámbar al mismo tiempo. Vemos que ahora la bola o no se mueve o lo hace muy ligeramente. Fig. 6.1b.

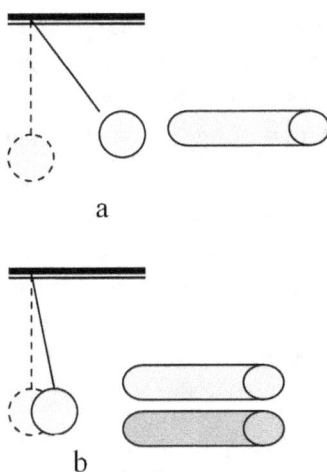

a

b

Fig 6.1 Atracción de la bola de corcho por la varilla electrizada sea de vidrio o de ámbar (a). Cancelación de las atracciones por la aproximación de una varilla de ámbar y otra de vidrio (b).

Esto indica que los efectos de cada varilla se han anulado mutuamente por lo que podemos deducir que hay dos clases de electrización, una sobre el vidrio y otra sobre el ámbar. A la electrización del vidrio se llama electricidad positiva y a la del ámbar electricidad negativa.

Sean ahora dos bolitas de corcho iguales situadas a una distancia pequeña una de la otra; si tocamos a las dos bolas con una varilla electrizada, sea de vidrio o de ámbar Fig. 6.2 a, las bolas se repelen tanto con la de vidrio como con la de ámbar. (El signo se ha dibujado como +, pero también puede ser − siempre que sean iguales).

Si acercamos a la bola 1 la varilla de vidrio y a la 2 la de ámbar, las bolas se atraen, Fig. 6.2 b. (No se han dibujado las varillas electrizadas para simplificar el dibujo). Como en todos los casos las bolas se han electrizado con la electricidad de cada varilla (positiva y negativa), deducimos que electricidades del mismo signo se repelen y las de distinto signo se atraen.

La comparación de los resultados nos indica que mientras que la interacción de la gravedad es siempre atractiva, la de la electricidad es repulsiva cuando los signos de la electricidad son iguales, y atractiva cuando son de distinto signo. También observamos que la interacción eléctrica es mucho más fuerte que la gravitacional actuando en distancias cortas. A pesar de la similitud formal entre las fórmulas que definen la atracción gravitatoria de Newton y la de la interacción electrostática de Coulomb, vemos que subsisten fuerzas totalmente distintas en su expresión en la Naturaleza.

$$F_g = G\, m_1 m_2 \,/\, d^2 \qquad \text{Gravitación universal de Newton}$$
$$F_e = C\, q_1 q_2 \,/\, d^2 \qquad \text{Electrostática de Coulomb}$$

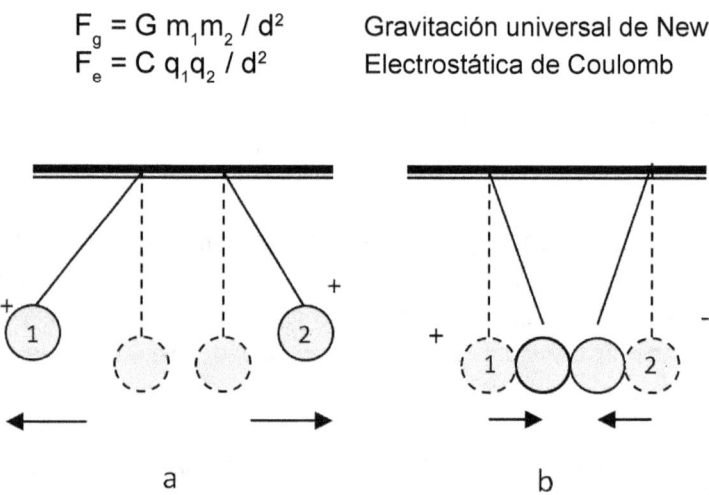

Fig 6.2 Repulsión de las bolas de corcho por la varilla electrizada sea de vidrio o de ámbar (a). Atracción de las bolas de corcho por la aproximación de una varilla de ámbar y otra de vidrio (b)

En la ecuación de Coulomb se sustituye masa por carga; las constantes G y C son diferentes pero siguen siendo en cualquier caso constantes. De la misma manera que Newton definió las masas, el estado eléctrico de un cuerpo lo podemos definir mediante una "masa eléctrica" a la que llamamos comúnmente carga eléctrica, q.

Se ha observado en la naturaleza que la carga eléctrica de un material es un número entero de veces el valor de la carga elemental[18]. A este fenómeno, en física se le llama cuantización.

Las cargas eléctricas están asociadas a una masa determinada dando lugar a lo que llamamos partículas elementales, siendo el electrón la masa eléctrica negativa y el protón la positiva. En el capítulo siguiente estudiaremos la constitución del átomo, sus constituyentes y la evolución de las teorías que se han planteado para establecer su configuración.

Al estudio de las cargas eléctricas en reposo le llamamos electrostática y cuando las cargas se mueven, su estudio se denomina electrodinámica. Cuando hacemos intervenir la mecánica cuántica para el desarrollo del electromagnetismo la teoría se conoce como electrodinámica cuántica (QED)[19]

Desde que Maxwell enunciara sus leyes del electromagnetismo hasta comienzos del siglo XX, se desarrolló el aparato matemático para manejar las ecuaciones de la electricidad y el magnetismo. Esta labor la llevó a cabo principalmente el físico holandés H. A. Lorentz (1853-1928), cuyo trabajo le valió el Premio Nobel de física en 1902.

Una de las aportaciones definitivas a favor de la teoría ondulatoria de la luz fue obra de Maxwell cuando estableció una conexión entre la electricidad, el magnetismo y la luz. Encontró que las ondas electromagnéticas debían viajar a 299.792 Km/s y ésta era la velocidad que los científicos habían medido para la velocidad de la luz. Éste resultado junto con los trabajos previos de los físicos Orsted y Faraday confirmó que las ondas de luz y todas las ondas electromagnéticas viajan a la misma velocidad constante en el vacío.

---

18 La carga elemental es e= 1.6021 x 10-19 C (culombios).
19 Se conoce como QED del acrónimo en inglés de Quantum Electrodinamics.

La coincidencia no fue fruto de la casualidad y sirvió para considerar que cuando hablamos de la *luz*, nos estamos refiriendo también a todas las ondas electromagnéticas y no solamente a la luz visible.

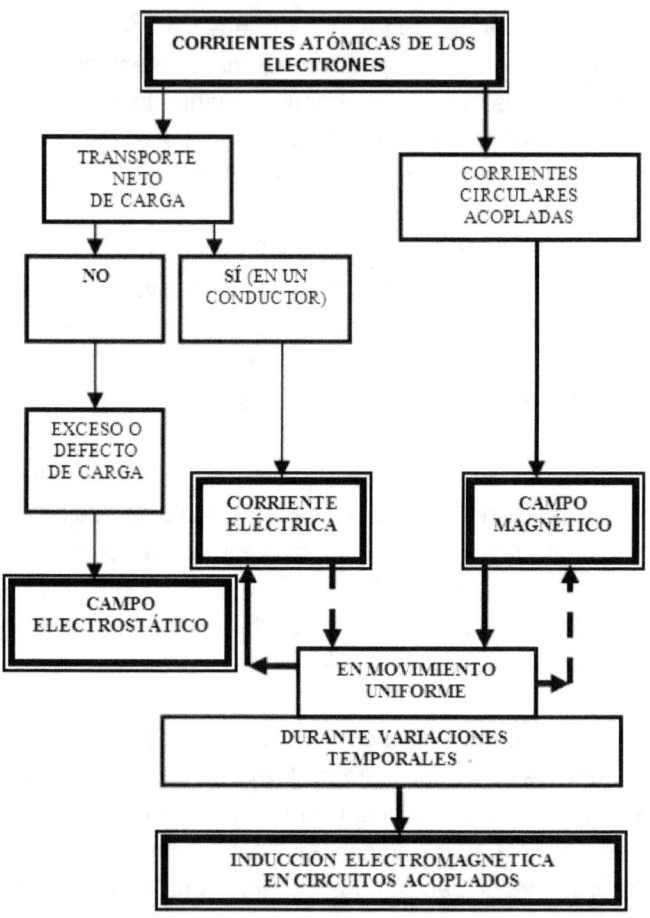

En la ilustración anterior se expone un esquema en el que se sintetizan las ideas básicas para el desarrollo de la Teoría Electromagnética. La idea de su presentación es disponer de una visión general del origen del fenómeno y las relaciones entre los efectos que se presentan en la Naturaleza.

6.2 VECTORES

Para poder seguir adelante con estel estudio del electromagnetismo, al igual que para otras disciplinas de la física, se hace necesario trabajar con unos entes físicos llamados *vectores*. Es por esto que debemos detenernos un momento para el estudio de los conceptos más importantes de álgebra vectorial.

Para definir magnitudes en física contamos con dos conceptos: *escalar* y *vector*. Un escalar es una cantidad que se determina totalmente por su magnitud. Por ejemplo la masa, el tiempo y el volumen se determinan por un número. Así cuando decimos 9 segundos ó 100 Kg. masa, no necesitamos precisar más. Un escalar por tanto es un número.

Un vector, pues, es una cantidad que se determina completamente por su módulo o magnitud, dirección y sentido. Ejemplos de vectores son la velocidad, la fuerza, la aceleración, etc. Imaginemos que sobre un objeto actúa una fuerza de 10 Newtons; para saber como actúa la fuerza sobre el cuerpo no nos basta solo con conocer el módulo o magnitud sino que necesitamos especificar también la dirección y el sentido. Si la dirección es perpendicular al suelo y el sentido es hacia la abajo podremos decir que 10 N es la fuerza con la que lo atrae la Tierra, y en ese estamos hablando del peso, pero si la fuerza estuviera actuando sobre el objeto en dirección paralela al suelo ya no sería el peso sino un empuje lateral. Así queda claramente establecido que no es suficiente saber que actúa una fuerza de 10 N para determinar las condiciones dinámicas del objeto.

El vector se escribe con una letra y una flecha encima; así el vector velocidad se representa por V. No obstante nosotros usaremos una forma más simplificada de escritura consistente en designar al vector por su letra en negrita. Por tanto en lo sucesivo usaremos esta notación en las ecuaciones.

Un vector genérico **X** es el representado en la figura 6.3

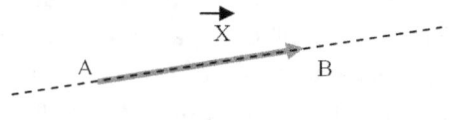

Fig. 6.3

El vector lo hemos designado como **X** siendo su módulo la distancia entre los puntos A y B, la dirección es la línea de puntos que pasa por A y B y el sentido el designado por la flecha, o sea de A a B:

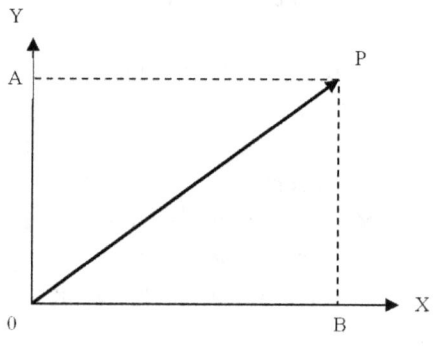

Fig. 6.4

En un sistema de ejes cartesianos de dos dimensiones el vector con origen, en el origen de coordenadas se representa de la manera de la Fig. 6.4. No necesariamente los vectores comienzan en el origen de coordenadas. Lo hemos escogido así para simplificar.

Para calcular el valor del módulo hacemos uso de las componentes sobre cada uno de los ejes cartesianos que son las proyecciones del vector sobre cada uno de ellos.

La dirección es la línea sobre la que se mueve, OP.

El vector es el segmento OP con origen en el centro de coordenadas. El segmento OA es la componente según el eje de ordenadas y el segmento OB es la componente del eje de abcisas. El módulo del vector es la longitud del tramo OP. En este caso, y el sentido el indicado por la flecha, de O a P. Para calcular el módulo del vector se hace uso del teorema de Pitágoras aplicado al triángulo AOP ó al BOA. Así, $(OP)^2 = (OB)^2 + (OA)^2$. Extrayendo la raíz cuadrada obtenemos el valor OP.

Una buena representación gráfica tridimensional de un vector es situarlo en la diagonal de un cubo como en la figura 6.5. En este caso tenemos tres componentes cartesianas en lugar de dos. El cálculo del módulo del vector es un poco más laborioso, pero sencillo. Se puede usar, por ejemplo, la proyección del vector (segmento OP') sobre el plano XY y aplicar el teorema de Pitágoras al triángulo rectángulo OPP' de manera que ahora $(OP)^2 = (P'P^2) + (P'O^2)$. (Previamente deberíamos haber calculado el valor de la proyección OP' utilizando el mismo razonamiento que vimos al hablar del vector en dos dimensiones). De nuevo extraemos la raíz cuadrada obtenemos el valor OP. Es indiferente proyectar el vector sobre cualquiera de los planos formados por los ejes XY, XZ ó XZ. El resultado no varía.

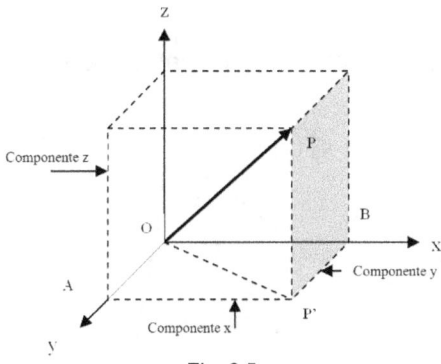

Fig. 6.5

A los vectores se les aplican las operaciones algebraicas suma, resta, multiplicación y división, con la salvedad de que existen dos tipos de productos de vectores, el escalar y vectorial. Veamos los procedimientos:

La suma gráfica de vectores por el método del paralelogramo se muestra en la figura 6.6

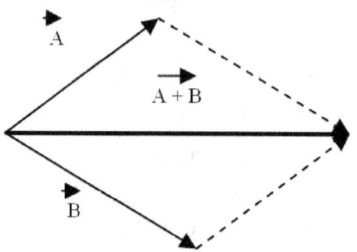

Fig. 6.6 Suma de vectores

Se unen los dos vectores en un origen común. Una vez unidos se trazan paralelas a los vectores (líneas de trazos). En el punto de unión se traza una diagonal que une aquel con el punto de unión. La diagonal así formada es la suma de los dos vectores (línea trazo grueso) y se la denomina *resultante* del par de vectores.

Para restar vectores se colocan como en la figura 6.7

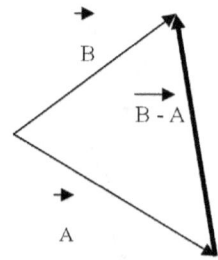

Fig. 6.7 Resta de vectores

La operación multiplicación de vectores tiene dos posibilidades, el producto escalar y el producto vectorial. El producto escalar de dos vectores que coinciden en su origen, se define como el producto del módulo del vector A por el módulo del vector B y por el coseno del ángulo que forman, figura 6.8.

Como los módulos de los vectores son números o escalares y el coseno de un ángulo es también un escalar resulta que el producto escalar de dos vectores es un escalar. Sin embargo el producto de un vector por un escalar es un nuevo vector con el módulo multiplicado por el escalar manteniendo la dirección y el sentido del vector original.

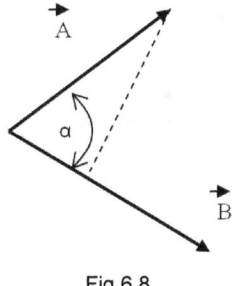

Fig 6.8

En trigonometría el producto del módulo de A por el coseno del ángulo α que forma con el vector B, se conoce como la proyección del vector A sobre el B.

El producto vectorial de dos vectores **A** y **B** es un nuevo vector perpendicular al plano que forman los dos vectores cuyo módulo es el producto de los módulos por el seno del ángulo que forman, la dirección es el vector perpendicular que pasa por el origen común que y el sentido viene determinados por la regla de la mano derecha o también llamada del sacacorchos (Fig. 6.9).

Es decir, el módulo[20] del vector A x B es igual a:

$$|A| * |B| * \cos(\alpha)$$

En la figura 6.9, cuando el vector **A** gira hacia el **B**, si seguimos el sentido de giro de un sacacorchos veríamos que avanzaría hacia arriba. Si por el contrario fuera el producto del vector **B** por el **A** el sentido de giro del sacacorchos sería el del sentido de las agujas del reloj y el sacacorchos profundizaría hacia abajo. Observemos que el vector **B x A** es el mismo vector **A x B** pero con signo cambiado.

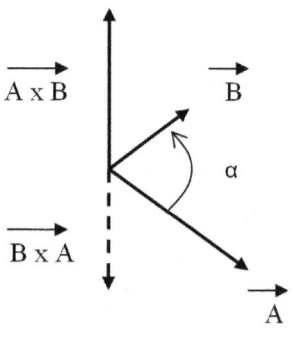

Fig. 6.9

Respecto a la división de vectores podemos decir que la división de un vector por un escalar puede definirse como el inverso de la multiplicación del vector por el escalar. Sin embargo la división de un vector por otro solo puede hacerse cuando los vectores son paralelos. La demostración de esta afirmación queda fuera del alcance de esta obra.

Otras funciones vectoriales de gran importancia son el gradiente, la divergencia y el rotacional. No vamos a explicar matemáticamente aquí estas funciones porque su desarrollo precisa de un profundo conocimiento de cálculo diferencial pero sí expresaremos su significado físico.

---

20 El módulo se representa como la letra del vector con dos barras verticales, una a cada lado.

El gradiente de una función escalar nos indica cómo de rápido varía la función en el espacio o en el tiempo. Un ejemplo de gradiente es el que representa las líneas que unen los puntos de igual presión en la atmósfera llamadas isobaras. Cuando las líneas están muy juntas indican una variación muy pronunciada de la presión; si están muy separadas, los cambios de presión en los diferentes puntos representados son muy suaves o casi nulos.

Los mapas de isobaras los podemos consultar cada día en la información meteorológica de los medios de comunicación. Otro ejemplo de gradiente es el de las curvas de nivel sobre un mapa geofísico. Si las líneas de igual nivel están muy próximas estamos en una zona escarpada de gran pendiente del terreno.

El concepto de divergencia es un poco más complicado de explicar sin hacer uso del cálculo infinitesimal. Su significado matemático es el lugar donde nace o muere un campo vectorial. Intuitivamente lo podemos imaginar como las fuentes o sumideros de un campo[21] de vectores. Divergencia significa la diferencia entre el flujo vectorial entrante y el flujo saliente sobre la superficie que rodea a un volumen tomado como referencia. La divergencia será distinta de cero si hay fuentes (divergencia positiva) en el campo o si hay sumideros (divergencia negativa). Cuando no hay fuentes ni sumideros la divergencia será cero ya que no hay flujo neto de entrada y salida. Un ejemplo puede ser una piscina. El tubo de entrada del agua representaría una divergencia positiva. En la pileta de la piscina la divergencia es cero mientras que en la válvula de vaciado la divergencia sería negativa.

El rotacional es un operador que muestra la tendencia de un conjunto de vectores que forman parte de un campo a inducir rotación alrededor de un punto interior.

---

21 El campo de un vector es la región del espacio donde se puede apreciar la acción del vector, p.ej. el campo gravitatorio, el eléctrico o el magnético (N. del autor).

Una imagen aclaratoria es el efecto de giro que se produce dentro de la distribución de vectores de un flujo de líquido en una tubería (fig 6.10)

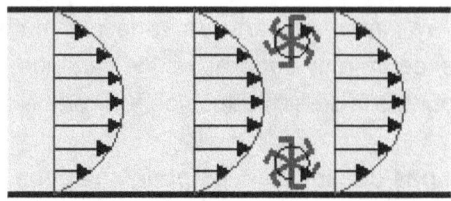

Fig. 6.10 esquema de un rotacional (Wikipedia)

La rueda infinitesimal gira debido a la diferencia de magnitud del vector a cada lado de la ruleta a pesar de que el campo de vectores de velocidad tiene la misma dirección y sentido. Sólo en el centro de la tubería el rotacional es nulo.

6.3 ELECTROSTÁTICA

6.3.1 El campo eléctrico

El campo eléctrico en un punto, es la fuerza eléctrica que actúa sobre una carga eléctrica situada en ese punto. Es por tanto la región del espacio en que una carga situada en cualquier punto del mismo experimenta la fuerza eléctrica. Ya vimos en su momento el concepto físico en general de campo de fuerzas como la región en que se sienten, a distancia, los efectos de las fuerzas. Siempre que hay fuerzas actuando a distancia se produce un campo. Cuando las fuerzas son gravitatorias el campo será gravitacional, si las fuerzas son derivadas del magnetismo, le llamaremos campo magnético y cuando son eléctricas campo eléctrico. Matemáticamente el campo eléctrico se expresa mediante la ecuación:

$$E = \frac{F}{q} \quad [6.1]$$

En la figura 6.11 se visualizan ejemplos de las *líneas de fuerza* de campos eléctricos sencillos. Se llaman líneas de fuerza las líneas imaginarias que describen, si los hubiere, los cambios en dirección de las fuerzas al pasar de un punto a otro. En el caso del campo eléctrico, puesto que tiene magnitud y sentido, se trata de una cantidad vectorial, y las líneas de fuerza o líneas de campo eléctrico indican las trayectorias que seguirían las cargas eléctricas si se las abandonase libremente a la influencia de las fuerzas del campo. El campo eléctrico será un vector tangente a la línea de fuerza en cualquier punto considerado.

En la figura se comprueba como las líneas de fuerza de las cargas positivas se alejan de la carga, (fig. 6.11a) mientras que las de las cargas negativas se dirigen hacia ellas (6.11b). Cuando las cargas son del mismo signo, las líneas salen hacia el exterior del campo (6.11 c) y por último en el caso (6.11 d) las líneas van desde la carga positiva a la negativa.

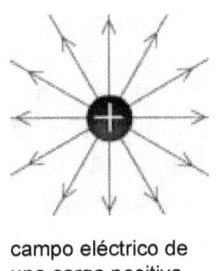

a) campo eléctrico de
   una carga positiva

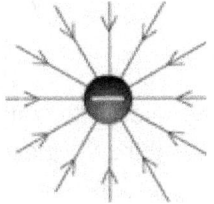

b) campo eléctrico de una
   carga negativa

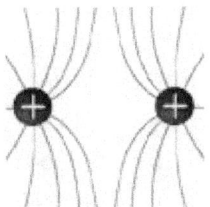

c) campo eléctrico de dos
   cargas positivas

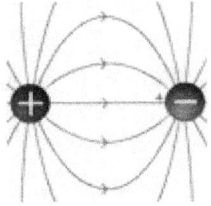

d) campo eléctrico de una
   carga positiva y otra
   negativa

Fig, 6.11 Diferentes formas de campos eléctricos

A la disposición de cargas positiva y negativa situadas a una corta distancia tal como muestra la figura 6.11 d), se llama *dipolo eléctrico*. Como se verá en su momento cuando estudiemos la constitución del átomo, esto se entiende si se consideran las cargas negativas como electrones y las positivas como protones. Los vectores (las fechas) representados en los dibujos forman lo que hemos definido como campo eléctrico.

Relacionado con el campo eléctrico existe el concepto de potencial eléctrico, que después nos conducirá al que nos resulta más familiar de diferencia de potencial. El potencial eléctrico, V en un punto dado, es el trabajo externo que debe realizar un campo eléctrico para trasladar una carga puntual desde un punto alejado situado en el infinito hasta el punto de referencia. De manera matemática se expresa mediante la ecuación [6.2] y su unidad en el sistema internacional[22] es el Voltio.

$$V = \frac{W}{q} \quad [6.2]$$

De la ecuación [6.2] podemos establecer que el Voltio es un Julio (unidad de trabajo) por Culombio (unidad de carga eléctrica). Combinado la ecuación [6.1] con la [6.2] obtenemos la relación entre el potencial y el campo eléctrico, resultando que el potencial es igual al producto escalar del campo eléctrico por la distancia *r* recorrida por la carga.

$$V = E\,r \quad [6.3]$$

Al estar V y r ligados por el producto escalar, el potencial V es un escalar, no un vector. Siguiendo análogos razonamientos definiremos la diferencia de potencial entre dos puntos A y B de un campo eléctrico como el cociente entre el trabajo realizado para mover una carga *q* desde A a B dividido por la carga de prueba *q*.

---

22 En adelante S.I.

$$V_B - V_A = W_{AB} / q \qquad [6.4]$$

Nótese que en todos los conceptos definidos siempre utilizamos una carga estacionaria como referencia sometida a la acción de una fuerza atractiva o repulsiva que origina un campo eléctrico.

Los materiales, respecto a su comportamiento eléctrico, se clasifican en conductores, aislantes y semiconductores. En el capítulo IV hablamos del concepto de electricidad como una corriente de electrones en una sustancia de carácter metálico.

Sustancias como los metales, disponen de electrones que tienen la libertad de moverse por el conductor dada su escasa atracción por los núcleos de los átomos que los forman. Debido a esta libertad, responden a la influencia de campos eléctricos casi infinitesimales y continúan en movimiento mientras experimentan el campo eléctrico. Los metales forman el grupo de las sustancias conductoras.

Por el contrario los materiales en los que sus electrones o iones están fuertemente ligados a los núcleos de los átomos, no presentan esa movilidad y por tanto no pueden conducir corriente eléctrica. A estos materiales se les llama aislantes o también *dieléctricos*. Los materiales que tienen un comportamiento mixto entre conductores y no conductores forman el grupo de los semiconductores. Las propiedades de los semiconductores dependen de la presión, temperatura o intensidad de los campos eléctricos aplicados, aparte de su naturaleza química. Los semiconductores más conocidos son los elementos silicio y germanio, ampliamente utilizados en la fabricación de transistores y otros dispositivos electrónicos.

Hemos dicho que los materiales conductores responden a campos eléctricos muy pequeños de donde podemos deducir que en un conductor con los electrones en reposo, o sea sin corriente eléctrica, el campo eléctrico debe ser cero.

Según la ecuación [6.1], si el campo eléctrico es cero, no existirá fuerza eléctrica y por tanto no se puede producir ningún trabajo. Esto nos lleva a enunciar que según le ecuación [6.4], la diferencia de potencial V_B-V_A es cero en todos los puntos del conductor.

6.3.2 La ley de la electricidad de Gauss

Le ley de la electricidad de Gauss (1777- 1855) es una de las leyes fundamentales de la electrostática, que Maxwell después incorporaría a su conjunto de ecuaciones electromagnéticas.

La ley de la electricidad de Gauss nos proporciona la relación entre el flujo de campo eléctrico Φ_E a través de una superficie cerrada y la carga eléctrica encerrada por esa superficie. A su vez el flujo de un campo eléctrico (o cualquier campo vectorial) es el número de líneas de fuerza del campo que atraviesan una superficie determinada.

Veamos un ejemplo sencillo para aclarar los conceptos de la ley de la electricidad de Gauss. Sea una carga positiva situada en el centro de una esfera como la de la figura 6.12.

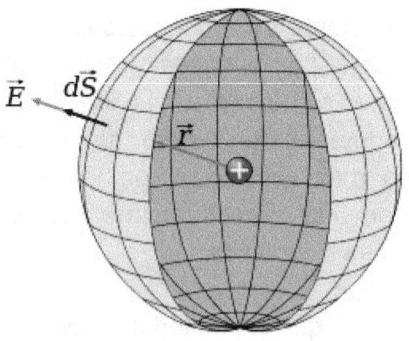

Fig. 6.12 Flujo para una superficie esférica con una carga puntual en su interior (Wikipedia)

Las líneas de fuerza del campo eléctrico siguen el recorrido de los radios de la esfera, siendo por simetría todas iguales entre sí.

El flujo a través de toda la esfera lo obtenemos sumando las líneas de fuerza que salen a través de cada uno de los pequeños "cuadraditos" infinitesimales en los que se puede subdividir su superficie. A cada cuadrado infinitesimal le hacemos corresponder una línea de fuerza de campo eléctrico.

El número total de líneas de fuerza eléctrica que salen de la esfera se obtiene, por tanto, calculando el producto de la unidad de campo eléctrico por el total de la superficie. Como la superficie de la esfera es $4\pi r^2$, el flujo Φ_E del campo eléctrico a través de la esfera será $4\pi r^2 E$. Cuando la superficie escogida no es tan sencilla como la de una esfera será necesario recurrir a integrar los productos de $S \cdot E$ en toda la superficie.

La ley de la electricidad de Gauss establece finalmente la siguiente relación entre el flujo Φ_E, y la carga eléctrica:

$$\Phi_E = q_S / \varepsilon_0 \quad [6.5]$$

siendo q_S el valor de la carga encerrada en la superficie S y ε_0 la permitividad[23] en el vacío. El valor de ε_0 es 8.854×10^{-12} faradios/metro. El faradio es la unidad de capacidad eléctrica y representa la capacidad de almacenamiento de cargas eléctricas de un condensador entre cuyas armaduras existe una diferencia de potencial de un voltio cuando está cargado con una cantidad de electricidad de un culombio. Su notación es F en honor del físico Michael Faraday.

---

23 La permitividad eléctrica es una constante que describe cómo un campo eléctrico se ve afectado por el medio. En cierta medida representa la capacidad de un material a anular la intensidad del campo eléctrico dentro del material.

6.3.3 Corriente eléctrica

En los apartados anteriores hemos tratado de las cargas eléctricas y su distribución, en estado de reposo. Ahora nos ocuparemos de la carga eléctrica en movimiento.

La carga eléctrica en movimiento constituye lo que llamamos *corriente eléctrica,* siendo su intensidad I, y al proceso de transporte se le conoce como *conducción eléctrica.* Matemáticamente se expresa diciendo que la intensidad de corriente es el cociente entre la carga eléctrica que circula por el conductor y el tiempo que está circulando.

$$I = \frac{Q}{t} \quad [6.6]$$

La unidad de intensidad de corriente es el amperio, igual a un culombio por segundo. En los metales la corriente eléctrica es el flujo de electrones que no están unidos fuertemente al átomo. En las sales disueltas la corriente es conducida por los iones[24] negativos y por los positivos de manera que el sentido de la corriente viene dado por la velocidad del más rápido de los iones.

En 1827 Ohm planteó la ley fundamental que rige el comportamiento de los circuitos eléctricos. La ley conocida como *Ley de Ohm* en reconocimiento a su descubridor, dice que la intensidad de corriente I que circula por un conductor es directamente proporcional a la diferencia de potencial aplicada V, e inversamente proporcional a la resistencia del conductor R. La ecuación que los relaciona es:

$$I = \frac{V}{R} \quad [6.7]$$

---

24 Un ión es una partícula cargada eléctricamente. La carga puede ser positiva o negativa.

Las unidades son las ya conocidas como el Amperio de la intensidad, el Voltio de la diferencia de potencial, mientras que para la resistencia se introduce una nueva conocida como Ohmio. La resistencia de un material es la propiedad que tiene un conductor de oponer más o menos dificultad al paso de la corriente.

La resistencia de un material depende de la naturaleza del conductor, es decir, del número de electrones que pueden desprenderse fácilmente de sus átomos. También depende de la longitud del conductor (cuanto más largo mayor es la resistencia), y de la sección del conductor. A mayor sección menor resistencia.

En cualquier manual de electricidad encontraremos ejemplos y ejercicios para acoplar las resistencias eléctricas y veremos que ese acoplamiento o configuración de resistencias se puede hacer con las resistencias en *serie* o en *paralelo*. En él también encontraremos la forma de calcular la resistencia resultante.

En párrafos anteriores hemos visto que la corriente eléctrica es el resultado de la acción de un campo eléctrico. Sin embargo se puede demostrar que una fuerza electrostática pura no puede mantener una corriente eléctrica estacionaria. ¿Cuál es el "motor" que hace circular la corriente? Éste es la fuerza conocida como fuerza electromotriz o Fem. Ella es la fuerza impulsora de la corriente en un circuito cerrado. Su origen puede ser mecánico, térmico o químico.

Ejemplos clásicos pueden ser una dinamo que transforma el movimiento mecánico de un alternador en electricidad, la batería química, o un termopar que transforma la diferencia de temperatura en electricidad. La unidad de Fem es el voltio, igual que para la diferencia de potencial.

La diferencia entre Fem y diferencia de potencial es que la Fem incluye la diferencia de potencial que se pierde dentro del generador o de la pila debido a su resistencia interna, siendo la diferencia de potencial la resultante que se aplica a los extremos de un circuito. Cuando el circuito está abierto, la Fem y la diferencia de potencial coinciden ya que al no circular corriente no hay caída de potencial dentro del generador o batería. A la diferencia de potencial la llamamos también tensión.

El estado eléctrico o potencial del átomo es el desequilibrio entre protones y neutrones de los átomos del conductor. Así la diferencia de potencial o tensión aplicada al circuito viene dada por las diferencias en el número de electrones de los átomos entre los extremos del conductor ya que los ni protones ni los núcleos atómicos se mueven durante la corriente eléctrica.

Hasta ahora se ha expuesto la conducción principalmente desde el punto de vista del transporte de carga eléctrica en un medio conductor, pero en muchos casos de interés práctico los portadores de carga están obligados a seguir trayectorias definidas en los llamados circuitos eléctricos; en estos casos las magnitudes de interés son las corrientes eléctricas en cada parte del circuito.

Para resolver los cálculos de las intensidades en cada parte del circuito, el físico G. R. Kirchhoff (1824-1887) estableció las leyes que llevan su nombre mediante las cuales partiendo de las Fem y resistencias de cada elemento del circuito se pueden calcular las intensidades de corriente correspondientes.

La aplicación de las leyes de Kirchhoff es conceptualmente sencilla auque laboriosa en circuitos complejos. Para facilitar el análisis se define los términos *nodo* y *malla* de la siguiente manera: nodo es un punto del circuito donde concurren tres o más conductores y malla es una trayectoria cerrada del circuito.

Con estas premisas Kirchhoff estableció las dos leyes en las que se base el análisis de circuitos eléctricos.

La primera dice que la suma algebraica de las corrientes que circulan hacia un nodo es cero. Esto significa que la suma de las corrientes que entran en el nodo (signo positivo) debe ser igual a la suma de las corrientes que salen de él (signo negativo).

La segunda ley dice que la suma algebraica de las Fem de una malla es igual a las sumas de los productos (intensidad x resistencia) de la misma malla. En la figura 6.13 se representa un sencillo circuito compuesto de resistencias y baterías.

El circuito eléctrico de la figura 6.13 lo forman dos baterías cuyas Fem son ε_1 y ε_1 y 6 resistencias denominadas R_1, R_2. etc. Las intensidades de corriente están representadas por las respectivas I_1, I_2...etc. junto con las dirección de cada corriente en la malla. Por convenio la corriente eléctrica sale del polo positivo y regresa al negativo después de recorrer todo el circuito.

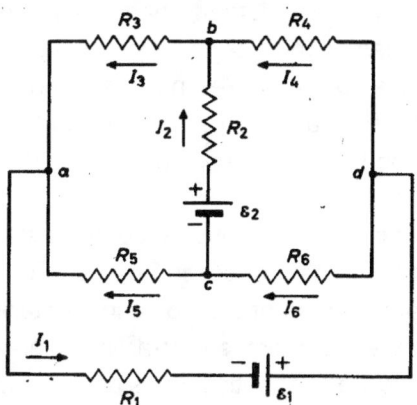

Fig 6.13 Ejemplo de circuito eléctrico sencillo

Las leyes de Kirchhoff nos sirven para calcular el valor de las distintas intensidades de corriente a partir de las resistencias y las Fem del circuito.

143

Por ejemplo la segunda ley nos permite establecer la ecuación $-I_1 + I_3 + I_5 = 0$ como resultado de las corrientes que pasan por el punto a. A continuación haciendo uso de la ley de Ohm podemos calcular cada una de las intensidades mediante: $I = V/R$

6.4 MAGNETISMO

El campo magnético se conoce desde la antigüedad cuando se observaron por primera vez los efectos de un mineral de hierro llamado magnetita. Este mineral, que busca el polo Norte de la Tierra además de atraer pequeños trozos de hierro, fue de una influencia capital en la navegación y exploración primitivas. Otros metales en estado natural como el hierro, el cobalto y el manganeso presentan también interacción magnética.

Esta propiedad no está relacionada con la gravitación puesto que no la tienen naturalmente todos los cuerpos, sino que aparece concentrada en ciertos lugares del mineral de hierro. Aparentemente tampoco está relacionada con la interacción eléctrica porque estos minerales no atraen bolitas de corcho o trozos de papel. Por tanto fue necesario dar a esta propiedad física un nuevo nombre: *magnetismo*[25].

No obstante habría que esperar hasta principios del siglo XIX, cuando Oersted descubrió que una corriente eléctrica producía un campo magnético. Posteriormente los trabajos de Gauss y Faraday entre otros demostraron la clara conexión entre el campo eléctrico y el magnético. Años después Maxwell elaboró la teoría que acabó fijando con precisión las leyes y ecuaciones matemáticas del campo electromagnético.

---

25 Al parecer el nombre magnetismo proviene de una antigua ciudad de Asia Menor llamada Magnesia que según la tradición fue donde primero se observó este fenómeno.

Las regiones de un cuerpo donde aparecen estás propiedades se las denominan *polos magnéticos* y al cuerpo magnetizado se le llama *imán*.

La Tierra es un enorme imán; una varilla magnetizada y suspendida libremente se orienta en dirección a los polos de la Tierra de manera que siempre el mismo extremo de la varilla apunta al polo norte geográfico. De lo anterior podemos deducir que hay dos polos magnéticos que se designan como polos N (Norte) y S (Sur). Otro hecho comprobado es que si tenemos dos imanes próximos observamos que si acercamos uno al a otro, los polos iguales se repelen y los distintos se atraen. Esto mismo ocurre con las cargas eléctricas.

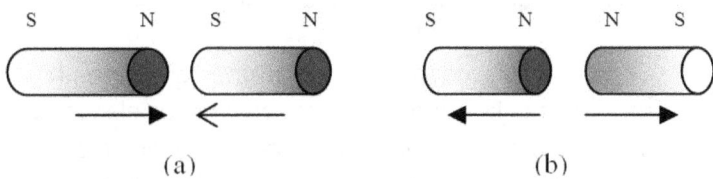

Fig. 6.14 Interacción entre dos barras magnetizadas.
(a) polos opuestos se atraen. (b) Polos iguales se repelen

A pesar de las similitudes entre electricidad y magnetismo hay una diferencia fundamental entre ambas y es que mientras que es posible asignar cuerpos eléctricos con cargas diferentes como electrones de carga negativa y protones de carga positiva, no se ha podido nunca aislar un cuerpo que contenga una sola clase de magnetismo, sea N o S, lo que podríamos llamar monopolo magnético. Los cuerpos magnéticos siempre presentan pares de polos opuestos. Esto es así porque las interacciones eléctricas y magnéticas están íntimamente relacionadas siendo en realidad dos aspectos de la propiedad de la materia que es la carga eléctrica. Así podemos definir al magnetismo como el efecto del movimiento de las cargas eléctricas.

¿Pero cual es origen del magnetismo? Las teorías modernas indican que está en la constitución más íntima de la materia y en particular en los electrones de los átomos. Podemos concretar aún más y atribuirlo al movimiento de los electrones. Sabemos que los electrones establecen corrientes atómicas confinadas en un solo átomo y podemos distinguir dos tipos de corriente: una en la que existe transporte neto de carga cuando lo hacen los electrones o iones y otro tipo de corriente sin desplazamiento de carga en forma de bucles cerrados dentro del átomo.

Estos conceptos serán entendidos perfectamente cuando tratemos los modelos de configuración de los átomos. De momento aceptemos estos hechos como verdaderos ya que constituyen los pilares tanto de la química como de la física.

De lo anterior podemos imaginar un imán como un trozo de materia en el que las corrientes circulares de los electrones de cada uno de sus átomos giran en fase, o sea, todas en el mismo sentido. La figura 6.15 representa un esquema simplificado de las corrientes atómicas que dan lugar a un campo magnético en un material magnetizado.

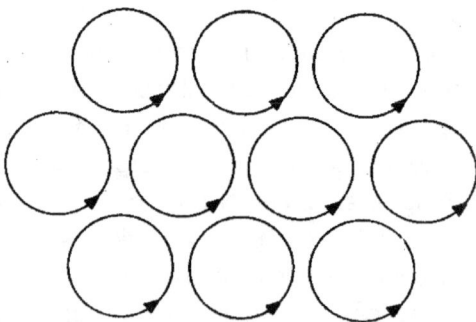

Fig 6.15 Esquema de material magnético, formado por corrientes atómicas en circuito cerrado que circulan en el mismo sentido

6.4.1 Inducción magnética

Veamos ahora el fenómeno conocido como inducción magnética que se pone de manifiesto cuando interacciona el campo magnético con el eléctrico. De la misma manera que con el campo eléctrico, se puede definir también un campo magnético originado por un cuerpo magnetizado sobre el espacio que le rodea.

Cuando situamos una carga eléctrica en reposo en el interior de las líneas de fuerza de un campo magnético producido por un imán, no se produce ninguna interacción. Sin embargo desde el momento en que la carga se empieza a mover dentro del campo magnético observamos una nueva fuerza proporcional al valor de la carga eléctrica y a su velocidad, siendo la dirección de la fuerza resultante perpendicular a la velocidad de la carga.

Esta fuerza la podemos expresar en forma de lo que en su momento vimos como producto vectorial de la siguiente manera:

$$F = qv \times B \qquad [6.8]$$

donde v es la velocidad de la carga y B es la *intensidad del campo magnético* o *inducción magnética*. La dirección y sentido de la fuerza magnética es el definido por la regla del sacacorchos.

Recordando que el valor del módulo del vector resultante era el producto de los módulos por el seno del ángulo que forman los vectores, el valor de F será máximo cuando el ángulo que forman sea de 90° y será cero cuando la velocidad de la carga v sea paralela al campo magnético B[26]. Además F será también cero cuando v sea igual a cero o sea cuando la carga no se mueva respecto del campo.

---

26 Recordemos que el seno del ángulo de 90° es igual a 1 y el seno del ángulo de 0° es igual a 0. Para cualquier otro ángulo entre 0 y 90° el seno está comprendido entre 1 y 0.

La unidad de la intensidad del campo magnético o de inducción electromagnética es el Tesla. Un Tesla es el campo magnético que produce una fuerza de un Newton sobre una carga de un Culombio que se mueve perpendicularmente al campo a la velocidad de un metro por segundo. Esta definición se deduce de la ecuación [6.8] aplicando las unidades correspondientes.

Hemos visto que la fuerza magnética aparece cuando una carga eléctrica se mueve en el campo magnético producido por un imán. Como los átomos de todas las sustancias tienen electrones, o sea cargas negativas orbitando alrededor del núcleo, los electrones de todas las sustancias cuando se mueven en un campo magnético cualquiera sufren los efectos de la fuerza magnética que se crea.

Según sea el comportamiento de cada sustancia frente al campo magnético las podemos clasificar en tres categorías: sustancias *diamagnéticas*, que son aquellas que adquieren una magnetización opuesta al campo magnético del imán. Así se comportan la mayoría de las sustancias. Ejemplos de sustancias diamagnéticas son el nitrógeno, sodio, diamante, cobre, etc.

Un segundo grupo lo forman las sustancias *paramagnética*s que son aquellas que al magnetizarse refuerzan el campo magnético originado por el imán. Ejemplos son el oxígeno, aluminio, platino entre otros.

Por último existen las llamadas sustancia *ferromagnéticas* que son aquellas que presentan una magnetización permanente en las que el efecto de alineamiento de las corrientes atómicas siguen el esquema dado en la figura 6.15. El ejemplo mas claro es de la magnetita y otros imanes naturales.

Cuando sobre la carga eléctrica actúan a la vez un campo magnético y otro eléctrico la resultante será la suma de la fuerza eléctrica y magnética, que llamaremos *fuerza electromagnética*.

Combinando las ecuaciones [6.1] y [6.8] obtenemos la siguiente ecuación llamada fuerza de Lorentz (1853-1928):

$$F = q(E + v \times B) \quad [6.9]$$

Veamos mediante varios ejemplos cómo se mueven las cargas en un campo eléctrico. Imaginemos primero una carga moviéndose perpendicularmente a un campo magnético uniforme. La fuerza debida solamente al campo magnético viene dada por la ecuación [6.8].

Como la fuerza es perpendicular al campo magnético uniforme la carga se ve obligada a realizar un movimiento circular. En efecto, si imaginamos en la figura 6.14, la carga q situada donde actúa el campo magnético B homogéneo perpendicular al plano del papel, como los vectores B, F y v deben ser perpendiculares entre sí, el vector velocidad será siempre tangente al círculo con centro en O. La carga q está situada en la intersección de los vectores F y v. Por tanto la trayectoria de v es un círculo de radio r.

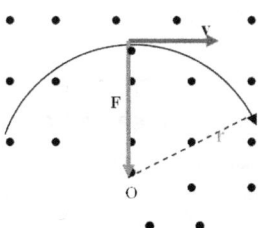

Fig. 6.16 Trayectoria circular de la velocidad de una carga q, positiva, sometida a la acción de un campo magnético uniforme perpendicular al plano formado por la velocidad y la fuerza magnética y dirección hacia el lector[27]

---

27 Es costumbre en física representar el campo perpendicular al papel por un punto (•) si la dirección es hacia el lector, y por una cruz (x) cuando la dirección es del lector hacia la página.

Veamos ahora el caso de cargas eléctricas moviéndose a lo largo de un cable conductor sometido a la acción de un campo magnético perpendicular al conductor (fig. 6.17).

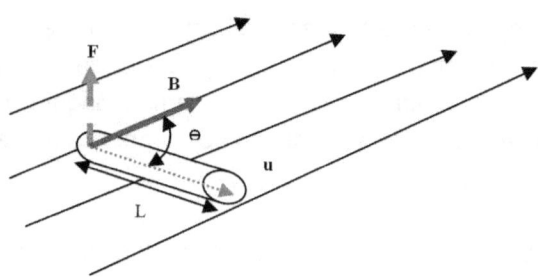

Fig 6.17 Cable conductor sometido a la acción de un campo magnético

Sea ahora un cilindro conductor de longitud L por el que pasa una corriente de intensidad I sometida a un campo magnético **B** (línea gruesa) de dirección perpendicular al conductor. La intensidad de corriente es la cantidad de cargas eléctricas que se mueven por el conductor en la unidad de tiempo con una velocidad **u** (línea de puntos).

Como la velocidad y el campo magnético están en el mismo plano, la fuerza magnética **F** (línea de trazos) es perpendicular a ese plano y con dirección dada por la regla del sacacorchos. El módulo de la fuerza viene determinado por el producto de B por u por L y por el seno del ángulo que forman.

Cuando el ángulo que forman la velocidad y el campo magnético es de 90° la fuerza es máxima mientras que si es 0° (corriente paralela al campo) la fuerza es cero.

$$F = I \, L \, B \, \text{sen} \, \Theta \quad [6.10]$$

Resumiendo, la fuerza magnética que actúa sobre un cable conductor sometido a la acción de un campo magnético B es directamente proporcional a la intensidad de corriente que circula por el conductor de longitud L, a la intensidad del campo magnético y al ángulo que forman el campo magnético y la corriente eléctrica.

Podemos decir también que el conductor está sujeto a una fuerza perpendicular a él y al campo magnético. La interacción del campo eléctrico y magnético es el principio sobre el que se basa el funcionamiento de los motores eléctricos.

6.4.2 Ley de Ampere-Laplace

Los razonamientos anteriores se han basado en la apreciación de la fuerza ejercida por un campo magnético sobre cargas en movimiento, sean éstas puntuales o en un cable conductor. Veamos ahora cómo se produce el campo magnético a partir de una corriente eléctrica.

A principios del siglo XIX se habían hecho experimentos en los que se comprobaba como una corriente eléctrica circulando en un conductor producía influencias sobre una aguja imantada colocada cerca.

Fue el físico danés Oersted[28] el primero en advertir que una corriente eléctrica producía un campo magnético en el espacio que la rodeaba.

La expresión gráfica del campo magnético creado se expresa en la figura 6.18.

_____

28 Hans Christian Oersted (1777-1851) fue un físico y químico danés influido por el pensamiento de Immanuel Kant y por la filosofía de la naturaleza. Trabajó en estrecha relación con Adré-Marie Ampere sobre el magnetismo y la corriente eléctrica (Wikipedia).

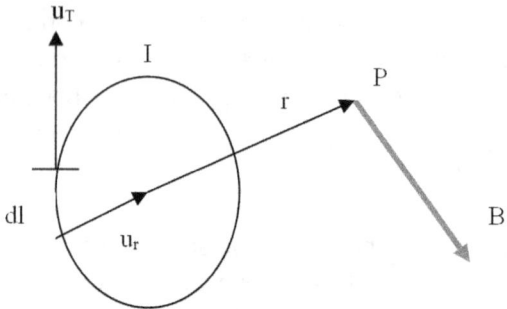

Fig. 6.18 Campo magnético producido en un punto P por una corriente eléctrica

La expresión matemática es moderadamente complicada pero podemos comentar las siguientes ideas: en la figura tenemos un circuito cerrado por donde fluye una corriente I en el sentido de las agujas del reloj; la distancia del circuito al punto P es el vector r cuya componente es u_r

Por otro lado la corriente eléctrica se desplaza siguiendo una curva cerrada con un vector tangencial u_T después de haber avanzado una distancia dl a lo largo de la curva.

El campo magnético creado en P por el circuito es proporcional a la intensidad de corriente y a la suma del producto vectorial de u_T y u_r a lo largo de la línea de corriente e inversamente proporcional al cuadrado de la distancia entre el circuito y el punto P.

La ley que regula esta interacción se llama ley de Ampere-Laplace y expresa el origen de un campo magnético como el resultado de un conjunto de cargas eléctricas en movimiento o lo que es lo mismo, originado por una corriente eléctrica.

La ley de Ampere-Laplace fue el resultado de multitud de experimentos realizados por varios físicos; es por tanto una ley empírica.

Lo que se deduce de las explicaciones anteriores es que electricidad y magnetismo están íntimamente ligados y su origen es la existencia de cargas eléctricas. Cuando las cargas eléctricas puntuales se mueven dentro de un campo magnético generan un campo eléctrico y cuando una corriente eléctrica se mueve, se origina un campo magnético.

Una consecuencia de la ley de Ampere-Laplace es que cuando por un conductor rectilíneo largo y delgado, circula una corriente eléctrica, se genera un campo magnético cuyas líneas de fuerza son concéntricas con eje formado por el cable conductor siendo su valor proporcional a la intensidad de corriente e inversamente proporcional a la distancia desde el conductor.

En otras palabras el campo magnético que podemos sentir al situarnos junto a un cable de alta tensión es tanto mayor cuanto más intensa es la corriente y va decayendo a medida que nos separamos de él. Es por eso por lo que se establece una distancia de seguridad respecto a conductores que transporten una cantidad importante de electricidad.

Otra consecuencia es que dos corrientes eléctricas paralelas del mismo sentido se atraen con fuerzas iguales mientras que si el sentido de las corrientes son opuestos, se repelen. Estas interacciones son de gran importancia práctica en los motores eléctricos y otros dispositivos tecnológicos.

Al principio del tema vimos que una carga eléctrica en reposo producía un campo eléctrico pero no magnético; sin embargo cuando esa carga se mueve, origina además un campo magnético relacionándose el uno con el otro por la ecuación

$$B = k \, v \times E \quad [6.11]$$

Donde B es el campo magnético, E el campo eléctrico, v la velocidad de la carga eléctrica, k una constante equivalente al inverso de la velocidad de la luz elevada al cuadrado.

La ecuación [6.11] nos muestra como el campo eléctrico y magnético son nada más que dos aspectos de una propiedad fundamental de la materia, y llamaremos *electromagnetismo* a la teoría que incorpora esos dos aspectos. En efecto, ambas propiedades son consecuencia de la existencia de cargas eléctricas libres en la materia. Como dijimos en un párrafo anterior las cargas eléctricas más importantes son el electrón (carga negativa) y el protón (carga positiva) ambos constituyentes principales de todos los átomos.

Las interacciones eléctricas y magnéticas están basadas en fuerzas actuando en la distancia sobre espacios vectoriales llamados campos. Una forma de visualizar las diferencias entre sus efectos es aplicar un razonamiento basado en la interacción entre los *momentos*[29] de dos cargas. La comparación se puede deducir de la aplicación de la ecuación [6.11] al cálculo de estos momentos.

Los resultados nos indicarían que la fuerza magnética es mucho más débil que la eléctrica en un factor de una diezmilésima parte para velocidades pequeñas de las cargas respecto a la velocidad de la luz. Por tanto en muchas ocasiones la interacción magnética se puede despreciar frente a la eléctrica. Aunque la fuerza magnética es muy débil comparada con la eléctrica, es infinitamente mayor que la fuerza gravitacional aplicada a las masas de las cargas. La fuerza magnética es cien quintillones de veces más fuerte que la fuerza gravitacional (10^{32} veces).

---

29 Recuerde el lector que el momento es un concepto de la mecánica newtoniana definido como el producto de la masa de un objeto material por la velocidad que lleva.

6.4.3 Inducción electromagnética. Ley de Faraday-Henry

Hacia 1830 Michel Faraday[30] y Joseph Henry[31] descubrieron de manera independiente el fenómeno de la *inducción electromagnética*. Éste consiste en la observación de que un cambio en el tiempo del flujo magnético provoca una corriente eléctrica en un conductor situado dentro de ese campo magnético (solo durante el cambio de flujo). Como consecuencia de la aparición de una corriente eléctrica se establece una fuerza electromotriz en el circuito.

Este principio es la base del funcionamiento del generador eléctrico, del transformador y otros dispositivos que usamos a diario.

La fuerza electromotriz (F.e.m.) es tanto mayor cuanto mayor sea la velocidad de variación del flujo magnético. La expresión matemática de esta variación se expresa como:

$$Fem = -\frac{d\phi}{dt} \qquad [6.12]$$

La ecuación anterior es la forma matemática de expresar como varía la magnitud del numerador cuando cambia la magnitud del denominador. El signo negativo de la fem inducida indica que el sentido de la corriente creada tiende a oponerse al cambio que la produce. La inducción también se da cuando el conductor se mueve con una velocidad determinada dentro de un campo magnético estático.

---

30 Michael Faraday (1791-1867) físico y químico británico famoso por la ley que expresa la relación entre un campo magnético cambiante y un campo eléctrico, así como por sus experimentos de electrolisis. Clifford A. Pickover. De Arquímedes a Hawking. Crítica 2011.
31 Joseph Henry (1797-1878) Científico estadounidense fundador del Instituto Nacional para la Promoción de la ciencia, precursor de la Smithsonian Institution (Wikipedia).

La consecuencia más importante de la ley de Faraday-Henry es que siempre debe aparecer un campo eléctrico cuando un campo magnético está variando en el tiempo. La variable es el campo magnético que ya definimos en su momento en el punto 6.4.1.

En la figura 6.19 podemos visualizar las interacciones de los campos eléctricos y magnéticos.

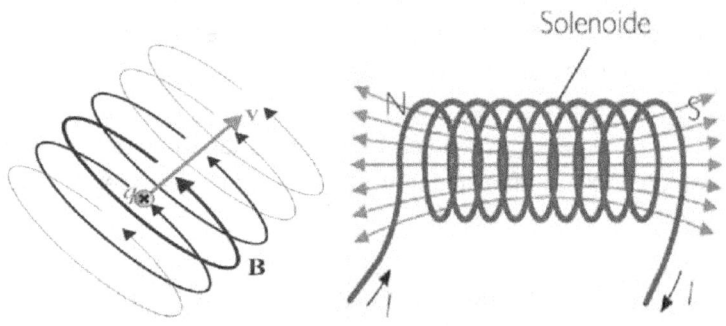

Fig 6.19 Campo magnético creado por un conductor rectilíneo (izquierda). Campo magnético creado por una bobina (derecha). Wikipedia

A la izquierda vemos el campo magnético creado por una corriente eléctrica que circula por un conductor rectilíneo. Las líneas de fuerza del campo magnético son círculos perpendiculares al conductor. El recorrido de las líneas es contrario a las agujas del reloj, cuando la corriente avanza en el sentido de la flecha "v" y viene dado por la regla de la mano derecha en la que el pulgar indica la dirección de la corriente y los dedos del puño cerrado el sentido de giro del campo magnético. No hay ningún circuito eléctrico en las proximidades con el que pueda interactuar el campo magnético.

A la derecha de la figura visualizamos las líneas de fuerza del campo magnético formado por una corriente que circula por una bobina o solenoide.

Vemos que el campo magnético sale por los extremos de la bobina uniéndose sus líneas de fuerza por el exterior formando un bucle cerrado. El campo magnético formado actúa como un imán con sus polos norte y sur mostrados en el esquema.

Como en el caso anterior, no hay ningún conductor de electricidad que se pueda ver afectado por el campo magnético. Si por el contrario, colocáramos un conductor X, en las proximidades de cualquiera de los campos magnéticos formados según la figura 6.19, observaríamos como se forma una corriente eléctrica instantánea en el circuito X.

Sería instantánea porque su duración queda limitada a la conexión o desconexión del circuito por el que hemos hecho circular una corriente eléctrica ya que solo aparece debido a los cambios del campo magnético. Cuando la corriente es estacionaria, el campo magnético también lo es (no sufre cambios) y por tanto no hay corriente inducida en el circuito X.

Veamos ahora el fenómeno conocido como *autoinducción*. Consideremos el caso de una sola espira de la bobina por la que circula una corriente eléctrica de intensidad I. Según la ley de Ampere se origina un campo magnético que es proporcional a la intensidad de la corriente. Cuando la intensidad de la corriente varía, de acuerdo con la ley de Henry se induce una Fem en el circuito.

A esta Fem inducida en el *propio* circuito se llama autoinducción. El valor de la tensión inducida es proporcional al cambio de la intensidad de corriente de inducción respecto al tiempo y siempre se opone a la variación de la corriente. La constante de proporcionalidad es la que se denomina *autoinductancia* y su unidad es el Henrio en honor de su descubridor.

6.5 ECUACIONES DE MAXWELL

Ha llegado el momento de presentar las ecuaciones de Maxwell y analizar su contenido que como veremos a continuación da lugar a la explicación del fenómeno de las ondas electromagnéticas, que forma la base del mundo de las telecomunicaciones; gracias a ellas podemos comunicarnos prácticamente al instante con cualquier parte del mundo y con el resto del universo. La luz, las ondas de radio y de televisión, las radiaciones ultravioleta, los rayos cósmicos, etc., son diferentes tipos de ondas electromagnéticas.

Hacia finales del siglo XIX, el físico alemán Heinrich Hertz (1857-1894) comprobó de manera experimental que el campo electromagnético se propagaba a la velocidad de la luz dando lugar a las ondas electromagnéticas. La existencia de estas ondas había sido predicha por Maxwell en 1873, después de analizar cuidadosamente las ecuaciones del campo electromagnético.

Por su importancia capital en el desarrollo de la física moderna el sistema de ecuaciones formulado por Maxwell merece un lugar preeminente[32] en la física teórica al lado de la ecuación de Einstein, E = mc² ó la de la ley fundamental de la dinámica de Newton, **F** = m**a**. Las cuatro ecuaciones de Maxwell son:

$$1^a) \quad \nabla \bullet D = \rho$$
$$2^a) \quad \nabla \times H = J + \frac{\partial D}{\partial t}$$
$$3^a) \quad \nabla \bullet B = 0$$
$$4^a) \quad \nabla \times E = -\frac{\partial B}{\partial t}$$

---

32 En la encuesta llevada a cabo por Robert Crease en 2004 entre los lectores de Physics World que denominaron "Las más grandes ecuaciones de todos los tiempos" relacionadas con descripciones del mundo real, aparecen las ecuaciones de Maxwell en primer lugar, seguida de la segunda ley de Newton y a continuación la citada ecuación de Einstein. Clifford A. Pickover. De Arquímedes a Hawking. Crítica 2011.

No se asuste el lector, no tiene porqué sabérselas. Solo trataremos de profundizar en su significado físico[33]. Cada una de estas ecuaciones representa observaciones experimentales y por tanto no se pueden demostrar matemáticamente pero sí verificar su aplicabilidad en cualquier situación. Todas ellas forman un conjunto armónico que explican el comportamiento y naturaleza de las ondas electromagnéticas. Por otro lado las ecuaciones son un resumen y compendio de leyes como las de Faraday-Henry, Ampere y otras estudiadas en este capítulo.

La 1ª ecuación es la ley de Gauss que describe el **campo eléctrico** que genera un objeto cargado. La ley de Gauss deriva de la ley de Coulomb que indicaba como la fuerza de atracción o repulsión entre cargas eléctricas decaía con el cuadrado de la distancia que las separa. Esta ley nos advierte sobre las influencias de los campos eléctricos generados, por ejemplo, por los teléfonos móviles y sus antenas repetidoras. De la ley de Gauss deducimos que la influencia del teléfono móvil es mucho mayor que la de la antena repetidora debido a la menor distancia entre el móvil y el usuario.

La 2ª ecuación de Maxwell es una ampliación de la ley de Ampere y describe el **campo magnético** y sus líneas de campo, creado por un cuerpo imantado. Expresa que los imanes tienen dos polos y que las líneas de fuerza salen del polo norte y vuelven al imán por el polo sur.

La 3ª representa el hecho de que no se han observado nunca monopolos magnéticos.

---

33 El significado de los símbolos que aparecen en las ecuaciones de Maxwell es: D es la densidad de flujo eléctrico, E es el campo eléctrico, H el campo magnético, B es la densidad de flujo magnético, ρ la densidad de carga eléctrica libre, J la densidad de corriente libre, $\nabla \bullet$ el operador divergencia y ∇x el operador rotacional (véase punto 6.2).

La 4ª es otra forma de presentar la ley de inducción de Faraday que describe como los campos magnéticos variables inducen corrientes eléctricas.

Como anécdota de la importancia y popularidad de las ecuaciones de Maxwell, reproducimos la imagen de una camiseta a la venta al público bajada del sitio www.zazzle.es con las famosas ecuaciones y la leyenda *"And God said… and there was light"* (Y dijo Dios…y se hizo la luz).

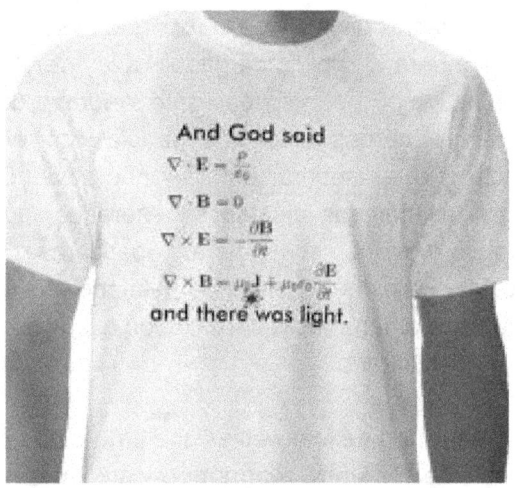

Fig. 6.20 Camiseta con las ecuaciones de Maxwell. www.zazzle.es

6.6 ONDAS ELECTROMAGNÉTICAS

Como consecuencia de las ecuaciones de Maxwell, surge el concepto de onda electromagnética asociada a un campo magnético. En el capítulo 4 presentamos el concepto de onda y sus parámetros más importantes. El movimiento asociado a las ondas se llama movimiento ondulatorio y está presente en física en multitud de procesos.

Fijémonos en el movimiento de las olas del mar en un punto alejado de la costa y una barca flotando en él. Si el oleaje no es tan fuerte como para provocar que las olas rompan, observamos que la barca se mueve hacia arriba y hacia abajo con la onda del agua pero no se desplaza en el sentido del oleaje.

Esto se debe a que el movimiento ondulatorio no propaga materia, solo propaga momento y energía. Lo mismo ocurre con las ondas sonoras, se desplazan sobre un medio material, por ejemplo el aire, pero las moléculas de aire permanecen en su lugar. Sin embargo, el sonido no se desplaza en el vacío, necesita un soporte material.

Por el contrario las ondas electromagnéticas pueden viajar en el vacío. La luz y las ondas de radio viajan en el vacío porque son ondas electromagnéticas mientras que el sonido no lo puede hacer porque no lleva asociado ningún campo eléctrico ni magnético; no es una onda electromagnética. De hecho la velocidad de la luz en el vacío es una constante de la naturaleza y a su vez es la velocidad más alta que cualquier objeto u onda puede alcanzar.

Las ondas electromagnéticas pierden velocidad al atravesar un medio material. En el caso de la luz, el cociente entre ambas velocidades se denomina índice de refracción. Las ondas electromagnéticas son todas semejantes (independientemente de como se formen) y sólo se diferencian en su longitud de onda y frecuencia.

La figura 6.21 resume de manera sencilla los diferentes tipos de ondas electromagnéticas, sus longitudes de onda, las frecuencias de vibración y unos ejemplos emisores de dichas ondas. En la parte inferior se refleja la relación entre energía y longitud de onda (a mayor longitud de onda menor frecuencia y menor energía y viceversa).

Como vemos la longitud de onda puede variar entre varios miles de metros en el caso de las ondas electromagnéticas emitidas por cables de alta tensión, a billonésimas de centímetro de los rayos gamma producidos en las centrales nucleares. Aun es más corta la longitud de onda de los rayos cósmicos provenientes del espacio interestelar. En consecuencia las energías más altas son las transportadas por los rayos cósmicos y las más bajas las de las ondas de radio y de los cables de conducción eléctrica.

Observamos de la figura 6.19 que las ondas de mayor energía son capaces de desprender electrones de los átomos neutros transformándolos en iones.

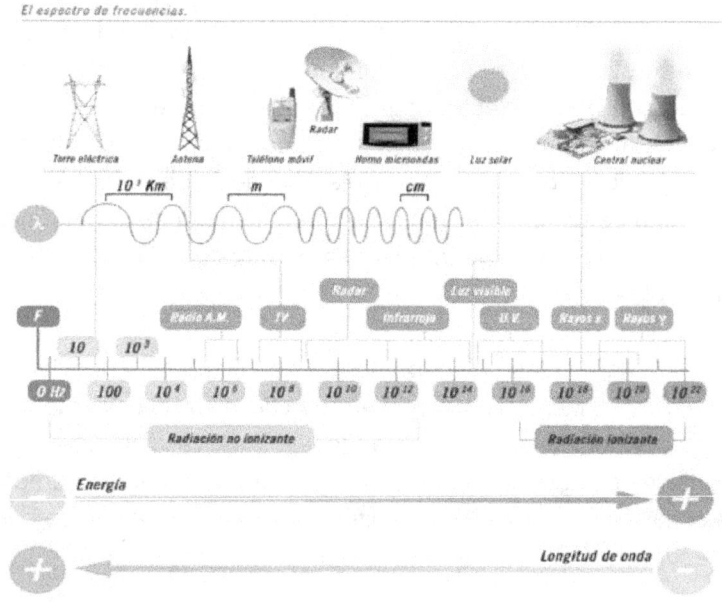

Fig. 6.21 Tipos de ondas electromagnéticas. Gráfico sacado del sitio: www.quimicaweb.net

De ahí que se pueda distinguir entre ondas electromagnéticas ionizantes y no ionizantes. Las ondas ionizantes son muy perjudiciales para la estabilidad de la materia orgánica de la que estamos formados todos los seres vivos.

El campo electromagnético se desplaza mediante una onda electromagnética y vimos en la sección 6.4.1 que los campos eléctricos y magnéticos son perpendiculares entre sí. La onda electromagnética así formada puede describirse mediante una *función de onda* que nos informa de la posición de la carga eléctrica que se mueve así como de su energía.

De las ecuaciones de Maxwell se demuestra que la intensidad del campo eléctrico está relacionada con la del campo magnético a través de la velocidad de la luz.

Evitamos describir la ecuación de la función de onda dada su complejidad matemática pero en la figura 6.22 se representa la función de onda electromagnética plana.

En ella se observa el campo eléctrico como la onda vertical de dirección paralela al eje Y, y el magnético en posición horizontal al eje z. Ambos campos van en fase, es decir, los máximos de las ondas eléctricas coinciden en el tiempo, con los máximos de las ondas magnéticas. Lo mismo sucede con los mínimos. Los valores cero de ambos campos son simultáneos en el tiempo.

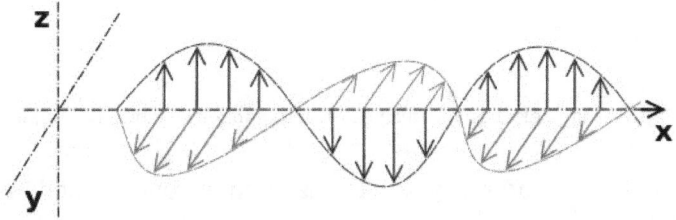

Fig 6.22 Onda electromagnética armónica plana (Wikipedia)

La onda tiene forma sinusoidal porque recordemos que los módulos del vector eléctrico y magnético estaban relacionados por el seno del ángulo que forman el vector velocidad de la carga eléctrica y el vector del campo magnético ya que eran resultado de un producto vectorial. La dirección de propagación del campo electromagnético del ejemplo de la figura es la del eje X y su velocidad es la velocidad de la luz, c^{34}.

En la figura 6.22 vemos que una onda electromagnética consta en realidad de dos ondas acopladas: la onda eléctrica y la onda magnética.

En la figura 6.23 se representa un frente de onda esférico que se ha desplazado una distancia r de la fuente situada en el origen de coordenadas.

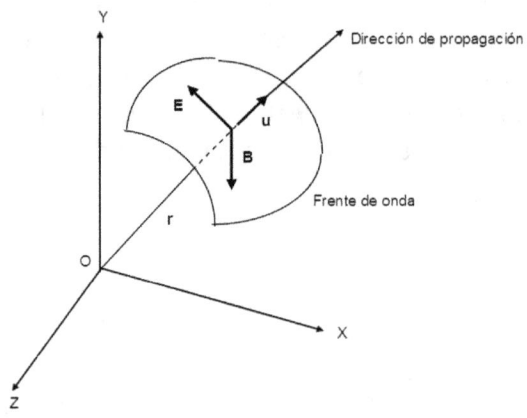

Fig 6.23 Onda electromagnética esférica a grandes distancias de la fuente

Los vectores que se desplazan en el frente de onda en la dirección de propagación son el vector velocidad u que marca la dirección y el sentido, el vector E ó campo eléctrico y el B ó campo magnético.

---

34 Recordemos que la velocidad de la luz 2,9979 x 10^8 ms[-1.]

La diferencia principal entre ondas planas y esféricas es que las primeras se desplazan siguiendo una única dirección mientras que las esféricas parten de un origen puntual que emite en todas direcciones. En las proximidades de la fuente emisora, por ejemplo una antena de radio, las ondas electromagnéticas se consideran esféricas mientras que a distancias muy alejadas de la fuente, se las pueden considerar planas.

Otro aspecto a considerar es que durante el desplazamiento según el vector que marca la dirección, los vectores campo eléctrico y campo magnético pueden girar alrededor de la dirección de propagación. Esto da lugar a una onda polarizada.

La definición física del trabajo en función de la mecánica newtoniana surge como consecuencia del desplazamiento de una fuerza a lo largo de una distancia determinada y se expresa matemáticamente como el producto de la fuerza por la distancia recorrida. El trabajo es equivalente a la energía necesaria para ese desplazamiento. De hecho sus unidades son las mismas.

Los campos electromagnéticos están originados por dos tipos de fuerzas, la fuerza eléctrica y la fuerza magnética, por tanto el desplazamiento del campo magnético implica el desplazamiento de ambas fuerzas dando como resultado una energía asociada que estará formada por la contribución de la energía del campo eléctrico y la energía del campo magnético.

Las ecuaciones de Maxwell demuestran que la energía magnética es igual a la energía eléctrica, por tanto el resultado es una energía total que es la suma de ambas. La expresión de la energía viene dada por la sencilla fórmula:

$$W = \epsilon_0 \, E^2 \qquad [6.13]$$

donde $\mathcal{C}_0$ es la permitividad eléctrica en el vacío[35] y E la magnitud del campo eléctrico. Por otro lado, si la onda electromagnética transporta energía también transporta *momento*.

El origen de las ondas electromagnéticas es el mismo que el de los campos electromagnéticos que como hemos visto son las cargas eléctricas en movimiento. La herramienta para el estudio del origen de las ondas electromagnéticas es una vez más la solución de las ecuaciones de Maxwell.

Dentro del conjunto de movimientos arbitrarios de las cargas eléctricas existen dos casos "sencillos" que son los de dipolo eléctrico oscilante y dipolo magnético oscilante. Deben ser oscilantes, o sea cambiantes en el tiempo para que según las leyes de Ampere y Faraday se origine campos electromagnéticos.

En definitiva siempre debe haber cargas eléctricas en movimiento para que se originen fenómenos electromagnéticos. Un dipolo eléctrico es un sistema de dos cargas eléctricas de signo opuesto cercanas entre sí. Se dan en los materiales que son malos conductores de la electricidad donde las cargas permanecen fijas en sus posiciones, apareciendo un pequeño campo eléctrico entre la parte positiva y la negativa como se aprecia en la figura 6.24

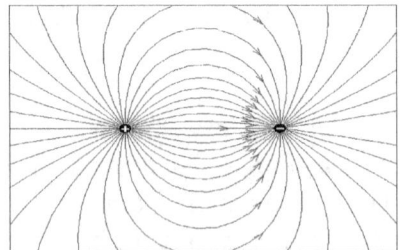

Fig 6.24 Líneas de fuerza del campo eléctrico formado por un dipolo eléctrico entre una carga positiva y otra negativa.

---

35 Recuerde el lector la nota al pie número 7.

6.7 LA LUZ: ONDA ELECTROMAGNÉTICA

En el siglo XVII Newton enunció su teoría corpuscular de la luz en la que establecía que era una corriente de pequeños corpúsculos que circulaban a gran velocidad y eran capaces de difractarse en un prisma dando lugar al espectro de luz visible. La propiedad de la luz blanca a difractarse en los colores del arco iris la explicó Newton en razón a que la luz estaba compuesta de corpúsculos con distintas velocidades, una para cada color. Estas diferencias de velocidad quedaban patentes al ser difractadas por un prisma.

También en el siglo XVII, Huygens estableció la teoría ondulatoria de la luz que definía fenómenos tales como la difracción y la interferencia de las ondas luminosas, que no podían ser explicados por la teoría corpuscular de Newton.

La teoría ondulatoria de la luz fue la que triunfó en el mundo de la física durante más de dos siglos hasta que Einstein a principios del siglo XX descubrió el efecto fotoeléctrico que le valió el Premio Nobel de física en 1921.

En esencia el efecto fotoeléctrico consiste en la capacidad de la luz de desprender electrones de conducción de los metales y otras sustancias sobre los que incide. Para que esto se llevara a cabo, la luz debía estar formada por corpúsculos materiales. Tampoco se podía descartar el comportamiento ondulatorio de la luz por lo que a partir de ese momento se estableció el principio de dualidad de la luz tratándola como partícula y como onda en lo que se ha venido a llamar *dualidad corpúsculo-onda* y que es uno de los fundamento de la física Cuántica.

La consecuencia de este desarrollo conceptual de la luz nos lleva a considerarla como una partícula llamada *fotón* que lleva asociada una onda electromagnética.

También podemos decir que radiación electromagnética hace las veces de una partícula con masa en reposo nula a la que llamamos *fotón*. Esta partícula tiene una energía y momento que se relacionan con la frecuencia y la longitud de onda de la radiación electromagnética mediante la fórmula de los cuantos de Planck[36]. Según su ley, la energía emitida por una onda electromagnética es igual a la contante de Planck multiplicada por la frecuencia de vibración de la onda:

$$E = h\,\nu \quad [6.14]$$

siendo ν la frecuencia y h la constante de Planck igual a 6.6256 x 10^{-34} J s

La ecuación [6.14] es la base de la física cuántica y punto de partida para explicar los espectros atómicos. La constante de Planck es una constante universal de importancia similar a la velocidad de la luz, la constante de la gravitación universal, la constante de Boltzmann[37] o la constante de Coulomb[38].

El fotón es el cuanto de energía electromagnética emitido o absorbido por una partícula cargada e interviene en todos los procesos en que existe interacción entre la radiación electromagnética y la materia.

---

36 En 1889, Planck estableció la denominada Constante de Planck, usada para calcular la energía de un fotón. La ley de Planck establece que la radiación electromagnética no puede ser emitida ni absorbida de forma continua, sino sólo en forma de cantidades discretas o paquetes de energía, múltiplos enteros de una cantidad que él estableció como constante. A estas cantidades de energía les llamó cuantos o fotones.
37 Véase nota 17 del capítulo IV Termodinámica.
38 Los físicos llaman a estas constantes <<unidades de Planck>>. De Arquímedes a Hawking. Clifford A. Pickover. Crítica 2011. Pag. 552.

Resumiendo podemos decir que cuando una onda electromagnética interactúa con un electrón (o con cualquier otra partícula cargada) las cantidades de energía y momento que pueden intercambiarse en el proceso son las que corresponden a un fotón.

Hemos comentado con anterioridad que la velocidad de la luz (y de todas las ondas electromagnéticas) es una constante universal y a su vez es la velocidad máxima a la que se puede mover cualquier objeto o radiación; nada se puede mover más rápido. Esta conclusión fue a la que llegó Einstein en su *teoría especial de la relatividad*. Einstein postuló que las leyes de la física deben ser las mismas independientemente de la velocidad de desplazamiento del observador.

La constancia de la velocidad de la luz, establecida por Einstein por puro razonamiento para entender las excepciones a las ecuaciones de Maxwell ante determinados fenómenos electromagnéticos, ha sido comprobada por multitud de experimentos. Un ejemplo cercano, es que la velocidad de la luz que emana de los faros de un automóvil es la misma si se encuentra parado o circulando a cien kilómetros por hora.

La teoría electromagnética es tan importante como compleja para explicar fenómenos naturales y sobre ella existen infinidad de tratados especializados. Nuestro objetivo no ha sido otro que el de aproximar al lector a esta bella rama de la física para que adquiera unos conocimientos elementales que describen el funcionamiento íntimo de la materia. Espero que hayamos conseguido el objetivo que nos proponíamos.

CAPÍTULO VII
EL ÁTOMO

La determinación de la estructura del átomo, ha sido probablemente el descubrimiento más importante y espectacular de la historia de la física en el siglo XX.

7.1 ANTECEDENTES HISTÓRICOS

El diccionario de la Real Academia Española define el átomo como <<partícula más pequeña de un elemento químico que conserva las propiedades de éste>>.

Hace 2500 años que los sabios griegos se plantearon por primera vez la naturaleza de la materia. Demócrito (460-370 a.C.) se preguntó sobre el resultado de romper en pedazos cada vez más pequeños un objeto material.

La conclusión a la que llegó fue que no era posible seguir indefinidamente el proceso y que llegaría un momento en que la materia no se podría dividir más. Llamó a las partículas resultantes, *átomos*, que en griego significa indivisible. La deducción de Demócrito y otros sabios griegos era puramente una especulación filosófica y no estaba basada en experimentos científicos.

El siguiente paso adelante en el conocimiento de la materia no se daría hasta el siglo XVIII cuando Lavoisier en 1773 estableció su conocido postulado de que "*la materia ni se crea ni se destruye, solo se transforma.*"

La ley de Lavoisier[39] fue demostrada cuarenta años después por Dalton[40] midiendo cuidadosamente las masas de los reactivos y los productos de una reacción química, comprobando que las cantidades de productos y reactivos coincidían.

Los aspectos principales que Dalton estableció en su teoría atómica fueron los siguientes: los elementos químicos están hechos de partículas muy pequeñas que llamó átomos, manteniendo así el concepto de Demócrito; todos los átomos de un determinado elemento químico son idénticos; los átomos de cada elemento son diferentes entre sí, en principio por su tamaño y los átomos de un elemento se pueden combinar con los de otros elementos para formar compuestos químicos.

Hasta aquí toda la teoría es correcta, sin embargo falla en la apreciación de que los átomos no se pueden dividir en partículas más pequeñas durante las reacciones químicas.

Este punto de vista puede ser relativamente cierto en las reacciones químicas, pero no así en las reacciones nucleares en las que un elemento radiactivo puede transformarse en otro eliminando o aceptando partículas constituyentes del átomo, como veremos en su momento.

No obstante, dado el nulo conocimiento de la estructura atómica a principios del siglo XIX, las deducciones de Dalton resultaron muy acertadas.

---

39 Antoine-Laurent de Lavoisier (1743-1794), químico francés, considerado el creador de la química moderna por sus estudios sobre la oxidación de los cuerpos, el fenómeno de la respiración animal, el análisis del aire y la Ley de conservación de la masa.
40 John Dalton (1766-1844), naturalista, químico, matemático y meteorólogo británico.

También a comienzos del siglo XIX, Avogadro estableció su constante del número de moléculas o átomos presentes en una determinada cantidad de sustancia (véase el capítulo dedicado a Termodinámica) y distinguió entre átomos y moléculas (la molécula es la unión de varios átomos).

A mediados del siglo XIX el químico ruso Mendeleiev creó en 1869 una clasificación de los elementos químicos en orden creciente de su masa atómica, llamando la atención de que existía una periodicidad en las propiedades químicas.

Esta clasificación dio origen a la tabla del sistema periódico de Mendeleiev y Meyer de los elementos que conocemos en la actualidad. Al final del capítulo explicaremos la tabla periódica de los elementos químicos y su utilidad para deducir propiedades de los mismos.

El descubrimiento de la electrolisis por Faraday vino a demostrar que los átomos no son indivisibles. En efecto, el hecho de que al aplicar una corriente eléctrica a una disolución salina se produzca conducción eléctrica significa que algo ha ocurrido en las moléculas para que se conviertan en portadores de carga eléctrica. La corriente eléctrica ha originado que las sustancias disueltas se descompongan en partículas cargadas que se llamaron *aniones* (las cargadas negativamente) y *cationes* (las portadoras de carga positiva).

Las partículas cargadas eléctricamente muestran propiedades diferentes a las sustancias disueltas de las que provienen. Esto vino a demostrar que debía existir una partícula común a la química y a la Electricidad. El hecho de que solo se manifieste al paso de la corriente eléctrica indica que debe proceder de la rotura de los átomos causada por dicha corriente.

Para los siguientes pasos hacia la determinación de la estructura del átomo, los físicos y químicos han hecho uso de una propiedad común a todos ellos como es la emisión y/o absorción de energía mediante el estudio de los correspondientes espectros.

El espectro de un átomo no es más que un conjunto de bandas de radiación electromagnética emitida por ellos que se pueden registrar en un soporte adecuado, por ejemplo una placa fotográfica, y que están originadas por el movimiento de los electrones como vimos en el capítulo de electromagnetismo. Las emisiones de los átomos excitados se recogen en un prisma que las descompone en las diferentes frecuencias. Hablaremos con más detalle de los espectros un poco más adelante.

7.2 DESCUBRIMIENTO DE LAS PARTÍCULAS ELEMENTALES

En 1879 el químico inglés William Crookes estudió los rayos catódicos producidos al hacer pasar una corriente eléctrica a través de un gas a baja presión situado en una ampolla de vidrio con dos electrodos situados en los extremos opuestos de la ampolla. Comprobó que esos rayos estaban formados por partículas que se movían en línea recta, producían fluorescencia sobre ciertas sustancias y eran desviadas de su trayectoria por campos electromagnéticos.

Si aplicamos los conocimientos aprendidos en el capítulo del electromagnetismo, nosotros mismos podemos deducir que las partículas de las que estamos hablando tienen carga eléctrica y en particular, negativa. Si no tuviera carga eléctrica no podrían interactuar con los campos eléctricos y magnéticos. También sabemos que la única partícula con carga eléctrica negativa es el electrón.

J. J. Thomson[41] fue el encargado de interpretar los descubrimientos de Crookes llegando a descubrir una partícula con carga eléctrica negativa a la que dio el nombre de *electrón*. Sus estudios se basaron en interpretar los resultados de aplicar al electrón los campos electromagnéticos. Comprobó así mismo que esa partícula que acababa de bautizar como electrón, tenía unas características independientes de la sustancia que producía los rayos, en particular la relación entre su carga eléctrica y su masa. Encontró que dicha relación es 1.75×10^{11} culombios por kilogramo.

Pero el trabajo no acababa ahí. Había que aclarar de manera inequívoca qué masa y qué carga eléctrica tenía el electrón. Se sabía la relación pero no los valores individuales. El encargado de llevar a término esta investigación fue el físico americano Millikan[42] mediante su famoso experimento de las gotas de aceite (fig 7.1).

El experimento se realizó en una cámara cerrada provista de dos placas metálicas paralelas que podían adquirir cargas eléctricas positivas o negativas al aplicarles una corriente eléctrica. Mediante un pulverizador se introduce una corriente de pequeñas gotitas de aceite en la parte superior. Debido a la fuerza de la gravedad algunas gotas caen a través de un orificio practicado en la placa cargada superior. Una vez entre las placas eléctricas, las gotas son sometidas a la acción de gases ionizantes, por ejemplo rayos X, y los electrones generados del aire se adhieren a las gotas tomando éstas carga negativa.

---

41 Joseph John "J.J." Thomson (1856-1940). Fue un científico británico descubridor del electrón, de los isótopos, e inventor del espectrómetro de masa. En 1906 fue galardonado con el Premio Nobel de física.
42 Robert Andrews Millikan (1868-1953) fue un físico estadounidense que ganó el Premio Nobel de física en 1923 primordialmente por su trabajo para determinar el valor de la carga del electrón y el efecto fotoeléctrico.

Ajustando el potencial de las placas se puede conseguir que las gotas floten equilibrando el peso de la gota con la fuerza eléctrica impartida.

La cantidad de voltaje necesario para mantener en suspensión la gota, junto con su peso sirve parar calcular la carga eléctrica de cada gota. La repetición del experimento un número suficiente de veces sirvió para calcular la carga del electrón. El valor encontrado de la carga del electrón es $1,6021 \times 10^{-19}$ culombios

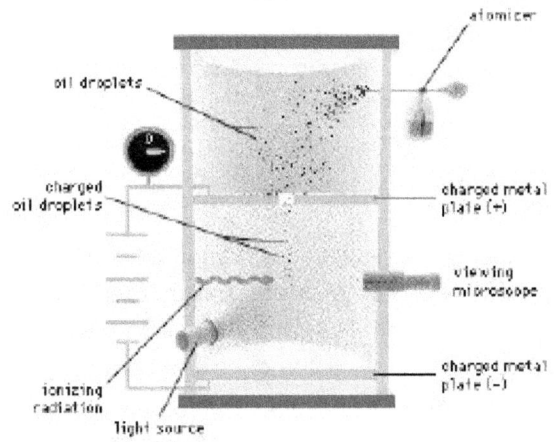

Fig 7.1 Dispositivo para el experimento de Milliken. (Wikipedia)

Si los átomos en estado neutro tienen electrones que están cargados negativamente, deben tener también partículas positivas que aseguren su neutralidad eléctrica.

Esta partícula se llama protón y fue descubierta por Goldstein en 1886, con la particularidad importante de que la relación carga/masa es dependiente de la sustancia que lo produce a diferencia de la del electrón.

El descubrimiento del protón estuvo muy ligado al del electrón. Goldstein descubrió que los tubos de descarga de cátodo perforado también emiten una luz al final del cátodo.

Llegó a la conclusión que, además de los rayos catódicos, posteriormente reconocidos como electrones que se mueven desde el cátodo con carga negativa hacia el ánodo cargado positivamente, hay otro rayo que viaja en la dirección opuesta.

Estos rayos están compuestos de iones positivos, cuya relación carga/masa depende del gas residual en el interior del tubo. Al ser la relación carga/masa dependiente de la sustancia que producía las partículas se escogió el gas mas ligero o sea el hidrógeno, como unidad, atribuyéndosele el valor del protón.

La carga eléctrica es la misma que la del electrón pero con signo positivo. En el átomo neutro el número de cargas positivas debe ser igual al de cargas negativas.

La última de las partículas elementales "clásicas"[43] en descubrirse fue el neutrón. Su descubrimiento fue obra del físico inglés Chadwick en 1932 durante la reacción nuclear entre el Berilio y el Helio que dio como resultado Carbono y un neutrón. El neutrón no tiene carga eléctrica y por tanto es "transparente" a los campos electromagnéticos.

En la tabla de la página siguiente se muestran las características de las partículas elementales "clásicas".

---

43 Llamo partículas elementales "clásicas" al protón, neutrón y electrón que son las que intervienen en las reacciones químicas y nucleares. A su vez estas partículas se pueden descomponer en otras aun más simples como los quarks, que se manifiestan durante los choques entre partículas "clásicas" en los aceleradores electromagnéticos.

TABLA 7.1

Carga y masa de partículas elementales

Partícula	Carga (culombios)	Masa en reposo (gramos)
Electrón	- 1,60210 x 10^{-19}	9,1091 x 10^{-28}
Protón	+ 1,60210 x 10^{-19}	1,67252 x 10^{-24}
Neutrón	0	1,67482 x 10^{-24}

Obsérvese que las masas del protón y del neutrón no son exactamente iguales; el neutrón pesa un 0,14% más que el protón. Por otro lado la masa se indica en reposo porque según la mecánica relativista de Einstein, la masa depende de la velocidad de la partícula cuando se mueve a velocidades próximas a las de la luz. En otro capítulo veremos con detalle las teorías relativistas de Einstein.

Por último y para visualizar estos datos vemos que las masas son extremadamente pequeñas. Por ejemplo para reunir un gramo de protones necesitamos juntar un cuatrillón de ellos y casi mil cuatrillones de electrones para el mismo peso.

7.3 EL ÁTOMO DE RUTHEFORD

Una vez descubiertas las partículas fundamentales que componen el átomo había que dar el paso de organizarlas y diseñar una configuración estable y plausible del átomo. El primer intento de explicar la estructura atómica lo dio el físico-químico Rutherford[44]. Como en multitud de ocasiones en física el descubrimiento fue consecuencia de un experimento realizado por él en 1911.

---

44 Ernest Rutherford, físico y químico neozelandés conocido también como Lord Rutherford (1871–1937). Fue Premio Nobel de química en 1908 por el descubrimiento de las partículas radiactivas alfa, beta y gamma.

El trabajo consistió en bombardear finísimas láminas de diferentes metales de 400 Å[45] de espesor con partículas alfa (núcleos de Helio) y observar lo que encontraba al otro lado de la lámina. Encontró que la mayoría de las partículas alfa atravesaban sin problemas las delgadas láminas y solo una pequeña parte, 1 de cada 20.000, se reflejaban.

La conclusión era obvia, la mayor parte del volumen del átomo esta vacío porque las partículas no encontraron obstáculos en su camino a través de las láminas, es decir el átomo no es una bola compacta sino casi totalmente hueca. Rutherford explicó sus resultados con el siguiente razonamiento:

El átomo está formado por un núcleo en el que se encuentra localizada la mayor parte de su masa y toda la carga positiva. A su alrededor y a gran distancia se encuentran los electrones de carga negativa girando a gran velocidad para que la fuerza centrífuga compense a la atracción de las cargas positivas del núcleo. Además las cargas positivas deben ser iguales a las negativas. La representación gráfica sería como un sistema planetario en miniatura, algo parecido al esquema siguiente:

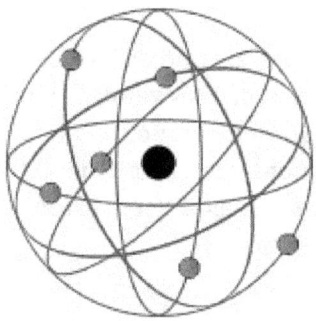

Fig 7.2 Modelo atómico de Rutherford (Wikipedia)

---

45 Un Angstrom Å es una medida de longitud utilizada a niveles atómicos, equivalente a la diez mil millonésima parte de un metro.

En la figura 7.2 está representado al átomo de Carbono que tiene un núcleo (en negro en la figura) con 6 protones y 6 neutrones[46] girando en órbitas circulares los 6 electrones (en rojo). En química se ordenan los elementos químicos según sus números atómicos y pesos atómicos.

El *número atómico* representa el número de protones del núcleo, que en situación de neutralidad eléctrica es igual al número de electrones de la corteza. Se representa por la letra Z. El *peso atómico* es el número de protones más neutrones del núcleo atómico y representa la masa del átomo ya que la masa de los electrones es despreciable frente a la de los protones y neutrones (véase la tabla 7.1).

En su momento el modelo de Rutherford significó un gran avance en la visualización del átomo pero tenía graves defectos que no se ajustaban a las experiencias de la física. A pesar de esto, el modelo de Rutherford es el más comprensible para los profanos y nos coloca en condiciones de explicar ciertas propiedades sencillas de la estructura atómica. Los cálculos de radios, energías, etc, estaban basados en la mecánica newtoniana.

Uno de los grandes defectos de este modelo viene de aplicarle las ecuaciones de Maxwell de la teoría electromagnética. Por ella sabemos que un electrón girando debe emitir energía electromagnética y por tanto el radio de giro debería disminuir lo que podría ocasionar la caída del electrón sobre el núcleo. Esto evidentemente no ocurre.

---

46 Esta descripción corresponde al átomo de carbono 99,9999999999 % en estado natural, el carbono 12 (que tiene 6 protones y 6 neutrones), pero 1 parte en diez mil millones es carbono 14, que tiene 6 protones y 8 neutrones. A estas sustancias con un número de neutrones mayor que los del elemento en estado natural se les llama isótopos. Estos pueden ser de origen natural o creados en las reacciones nucleares de los rectores. El Carbono 14 se utiliza como reloj biológico en arqueología.

Otro fallo del modelo es que como sus cálculos están basados en la mecánica newtoniana, tanto los radios de giro de los electrones como sus energías pueden tomar cualquier valor, hecho que está en total contradicción con la observación de los espectros atómicos.

Por el contrario, las energías y radios de giro de los electrones, están cuantizados, es decir, toman valores que son múltiplos de un valor establecido conocido como constante de Planck, (ver nota 19 del capítulo de Electromagnetismo). A pesar de estos defectos el modelo de Rutherford satisface por su simplicidad, resultando altamente intuitivo y fácil de explicar.

7.4 EL MODELO ATÓMICO DE BOHR

Apoyándose en el modelo de Rutherford, Bohr[47] expuso en 1913 su modelo atómico que trataba de solventar los dos fallos importantes de Rutherford, a saber, las emisiones de energía del electrón en movimiento y la discontinuidad del espectro atómico. Para enunciar su modelo atómico tuvo que apoyarse en tres postulados que explicaremos a continuación.

El primer postulado coincide con el modelo expuesto por Rutherford; *el átomo está constituido por un núcleo central en el que se halla situada la carga positiva y casi la totalidad de la masa. En torno el núcleo y a gran distancia de él giran los electrones en orbitas circulares.*

---

47 Niels Henrik David Bohr (1885–1962) fue un físico danés que realizó fundamentales contribuciones para la comprensión de la estructura del átomo. Fue uno de los fundadores de la física cuántica. Premio Nobel de física en 1922 por sus teorías sobre la estructura atómica.

El segundo postulado introduce la idea de la cuantización del átomo y viene a decir que: *el impulso angular[48] del electrón en su órbita está cuantizado, de manera que de las infinitas órbitas dadas por las ecuaciones de la mecánica clásica, solo son posibles aquellas en que el impulso angular del electrón es un múltiplo entero de la constante de Planck.*

De esta manera, como el radio está involucrado en el momento angular y éste está cuantizado, el radio del electrón no puede tomar cualquier valor sino solo aquellos que sean múltiplos enteros de la constante de Planck. Así queda resuelto el primer problema del modelo atómico de Rutherford en lo que se refiere a la discontinuidad de los radios orbitales del electrón.

El tercer postulado es el que se aparta definitivamente de la física clásica y contradice completamente la teoría electromagnética y algunos de las consecuencias de las ecuaciones de Maxwell. Pero esto no nos debe desencantar y despreciar las leyes de la física clásica que se aplican rigurosamente en el mundo macroscópico.

La física o mecánica cuántica viene a explicar hechos y experiencias que a niveles microscópicos, y solo a esos niveles, no puede hacerlo la física clásica. Pues bien, el tercer postulado de Bohr dice que *las órbitas electrónicas que cumplen con los postulados anteriores son estacionarias y el electrón cuando se mueve en ellas no radia energía* cosa que entra en flagrante contradicción con las ecuaciones de Maxwell.

A pesar de esta contradicción, el modelo está validado por las observaciones experimentales. Realmente Bohr no tiene argumentos intelectuales para plantear esta salida de la física clásica.

---

48 El impulso angular, expresado como l, es el producto vectorial del radio de giro por la velocidad lineal. Esto es, l = r x (mv). Recordemos que las letras en negrita representan vectores.

El único argumento es que los resultados experimentales concuerdan con la teoría.

El modelo atómico propuesto por Bohr explica ahora correctamente la estructura del átomo de Hidrógeno y la explicación de su espectro. El átomo de Hidrogeno (Fig. 7.3) es el elemento químico mas sencillo. Consta de un protón en el núcleo y un electrón girando alrededor de él.

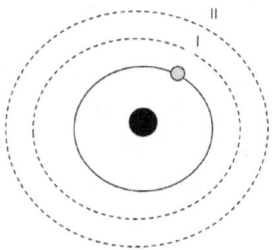

Fig. 7.3. Esquema del átomo de hidrogeno. El círculo negro representa al núcleo con un solo protón. El círculo menor de color gris representa al electrón. Los círculos de puntos representan las posibles órbitas cuantizadas del electrón.

Podemos aprovechar el esquema de la figura 7.3 para explicar el concepto de espectro atómico. Para simplificar hemos representado tres de las posibles órbitas que cumplen con la condición de que sus radios son múltiplos enteros de la constante de Planck.

Imaginemos que tenemos al Hidrógeno en su estado natural y su electrón girando en la órbita mas baja (circulo continuo). Ahora excitemos al electrón con la energía necesaria para saltar del nivel estable (línea continua) al nivel excitado I. Hemos aplicado una energía que supongamos que es dos veces la constante de Planck[49] y el electrón se ha situado en el nivel de energía I.

---

49 La relación entre la energía y la frecuencia de la radiación electromagnética es el resultado de multiplicar la frecuencia de la radiación por la constante de Planck: $E=hv$.

Apliquemos ahora otra cantidad de energía, también múltiplo entero de la constante de Planck. El electrón saltará del nivel I al II. Relajemos ahora el átomo. El electrón retornará de forma escalonada a su nivel mas bajo de energía emitiendo radiación electromagnética en cada salto, la misma que recibió.

Cada emisión en los niveles por los que va pasando es una radiación electromagnética caracterizada por su longitud de onda y frecuencia. La imagen de la radiación puede quedar recogida en una placa fotográfica en forma de rayas después de haber pasado por un prisma que la descomponga. Los saltos y por tanto las rayas del espectro que aparecen son únicas para cada elemento y constituyen una de las principales herramientas para la caracterización de los elementos químicos.

El éxito del modelo atómico de Bohr fue extraordinario pero no se pudo aplicar a elementos con más de un electrón. Al intentarlo en átomos con más de un electrón inmediatamente surgieron graves complicaciones que hicieron replantear de nuevo todo el modelo. Una de las dificultades consistió en que para átomos con más de un electrón, las energías calculadas para las rayas de los espectros no coincidían con las experimentales.

Esta dificultad fue salvada por el físico alemán Arnold Sommerfeld (1868-1951) que recalculó las órbitas del electrón imaginando que el electrón no gira alrededor de un núcleo estático, sino que ambos giran alrededor del centro de gravedad formado por el sistema núcleo-electrón. Así aplicando una constante de corrección se consiguió hacer coincidir las frecuencias calculadas de las rayas del espectro con las medidas experimentales.

Pero estas correcciones de Sommerfeld no fueron suficientes. Mediante medidas más precisas se comprobó cómo las rayas del espectro no eran una sola raya sino que se podían descomponer en dobletes, tripletes, y más, muy próximas entre sí.

Y para poner más en duda el modelo de Bohr, se comprobó que si el átomo se coloca en un campo magnético, algunas rayas simples del espectro se vuelven a desdoblar.

Las dificultades que han ido apareciendo para el establecimiento de la estructura íntima de la materia hacen discurrir las teorías clásicas hacia una situación terminal de la física clásica a la hora de interpretar el mundo microscópico implicando un cambio de la manera de pensar y acelera el advenimiento de la física cuántica. No obstante, los avances incorporados por la teoría atómica de Bohr, no fueron baldíos. El modelo de Bohr no era en absoluto incorrecto, pero sí era incompleto. La organización de la materia a niveles atómicos era más complicada de lo que se había supuesto. Los datos experimentales no coincidían con los calculados. Hacía falta desarrollar y utilizar nuevas herramientas y estas vinieron de mano de la física cuántica.

La física cuántica significó una ruptura total con los postulados clásicos, pero Bohr con gran intuición y para salvaguardar los modelos clásicos, enunció su llamado principio de correspondencia que venía a decir que *los resultados proporcionados por la mecánica cuántica deberían conducir en el límite[50] a los mismos resultados que la mecánica clásica.*

7.5 MODELO DE SCHRODINGER

Para explicar el modelo atómico de Schrödinger, es necesario hacer uso de la Mecánica cuántica. Esta parte de la física la estudiaremos en un capítulo especifico, dada la importancia que tiene para la comprensión de todos los fenómenos que se producen a niveles atómicos y molecular de la materia.

---

50 El límite significa que para grandes masas, o sea para el mundo macroscópico, los resultados de la Mecánica cuántica deberían coincidir con los previstos por la Mecánica clásica.

Ahora solo haremos uso de los conceptos básicos que Schrödinger tuvo en cuenta para explicar su modelo de estructura atómica. Empezaremos pues, explicando las dos bases en que se apoya la mecánica cuántica

El primer pilar es un concepto ya explicado en el capítulo de Electromagnetismo y responde a considerar la luz como corpúsculo y onda al mismo tiempo, en lo que se ha venido a llamar la dualidad corpúsculo-onda enunciada por Louis de Broglie en 1924[51].

Que la luz se comporta unas veces como onda y otras como corpúsculo ya era conocido, pues Einstein lo demostró en su teoría del efecto fotoeléctrico. De Broglie lo que hizo fue generalizar este comportamiento a todas las partículas elementales, entre ellas al electrón. El electrón, como el protón y el neutrón, poseen masa y cuando esa masa se mueve, lo hace a la manera de una onda y por tanto lleva asociada una longitud de onda que es igual a la constante de Planck dividida por el impulso mecánico de la partícula. Esta relación es de importancia capital para desentrañar la estructura atómica según la mecánica cuántica.

Las propiedades ondulatorias del electrón han sido ampliamente comprobadas experimentalmente y entre otras aplicaciones quizá la más importante haya sido el desarrollo del microscopio electrónico, hoy de uso corriente en el estudio de las células, polímeros, partículas microscópicas, y un gran etcétera.

Otro gran pilar de la mecánica cuántica es el principio de incertidumbre enunciado por Heisenberg en 1927[52].

---

51 Louis-Víctor de Broglie, séptimo Duque de Broglie, y par de Francia (1892-1987) fue un físico francés Premio Nobel en 1929 por descubrir la naturaleza ondulatoria del electrón.
52 Werner Heisenberg (1901–1976) fue un físico alemán. Es conocido sobre todo por formular el principio de incertidumbre, una contribución fundamental al desarrollo de la teoría cuántica. Heisenberg fue

El principio de incertidumbre viene a decir que es imposible medir una cosa sin perturbarla de alguna manera. Aplicado a la física de partículas significa que no se puede conocer con precisión al mismo tiempo la posición y velocidad de cualquier partícula. El principio tiene implicaciones filosóficas.

En efecto, todas las leyes físicas se basan en la observación experimental. En física cuántica el Universo tiene sentido solo en cuanto que es observable[53], pero para observar una cosa hay que perturbarla, por ejemplo, iluminándola. En el mundo macroscópico esto no tiene importancia pero sí la tiene en el microscópico cuando la partícula a observar y la fuente de observaciones, los fotones de la luz, tienen similares ordenes de magnitud.

Un ejemplo nos ayudará a entender mejor el problema. Si estamos observando la trayectoria y velocidad de un avión comercial, el choque de los fotones de los rayos de luz que empleamos para medir la velocidad poco o nada va a alterar el resultado de la medida. Pero si para analizar la trayectoria del avión tuviéramos que hacerlo chocar con un proyectil, los resultados en este caso si que afectarían a los resultados. Y además serían catastróficos para ambos.

Una vez introducidas las premisas de que el electrón es una onda y que no podemos conocer la situación y la velocidad exactas en un momento dado, la consecuencia es que la posición del electrón será una función de probabilidad dada por la resolución de la ecuación de onda asociada.

---

galardonado con el Premio Nobel de física en 1932. El principio de incertidumbre ejerció una profunda influencia en la física y en la filosofía del siglo XX.

53 Einstein nunca estuvo de acuerdo con esta aseveración. Siempre mantuvo que el Universo era independiente de nuestra habilidad para observarlo.

Ya no podremos situar al electrón en un punto dado en un momento determinado; al contrario su posición viene dada por el lugar geométrico de la máxima probabilidad en el tiempo t. Cuando observemos al electrón, éste estará en cualquier punto del espacio geométrico definido por su ecuación de onda.

El principio de incertidumbre tiene consecuencias inquietantes y no asumibles por nuestra mente mecanicista. La probabilidad de que una partícula esté en dos sitios simultáneamente es consecuencia de que la probabilidad no es nula en ningún punto del espacio; puede ser muy baja, pero existe. Este es el fundamento de los experimentos de la doble rendija.

Ahora es el momento de que intervenga el señor Schrödinger para resolver matemáticamente la *ecuación de onda* y situar en el espacio las regiones de probabilidades máximas para encontrar a los electrones. Tratar de dar la solución de la ecuación de Schrödinger es un problema matemático muy complejo.

Como no está al alcance de este texto, nos limitaremos a enunciar la ecuación de Schrödinger como curiosidad científica y comentar el resultado de sus soluciones respecto a las energías y posiciones de las partículas, en particular del electrón, visualizando gráficamente los lugares de máxima probabilidad de su localización en el átomo.

La ecuación de Schrödinger tiene el aspecto siguiente:

$$\sum_{i=1}^{N}\frac{\nabla^2}{m_i}\psi + \frac{2}{\hbar}(E-V)\psi = 0$$

En la ecuación de Schrödinger podemos identificar las variables siguientes: la función de estado ψ, una forma de la constante de Planck $\hbar$, la energía del sistema E, la energía potencial V y ∇^2 que es el operador laplaciano. La ecuación se puede aplicar a todas las partículas que componen cualquier sistema material. La solución de la ecuación da una serie de funciones que describen posibles estados del sistema y las energías correspondientes. Hemos descrito la ecuación de Schrödinger porque es una ecuación tan importante como la de Einstein E = mc2, las ecuaciones de Maxwell o la de ley fundamental de la dinámica de Newton.

7.6 NUMEROS CUÁNTICOS

Antes de describir la forma geométrica de las órbitas (orbitales en la jerga de la mecánica cuántica), que van a describir los electrones en los átomos, conviene introducir aunque sea superficialmente los números cuánticos.

Estos van a ser unos números enteros o fraccionarios que nos sirven como las "direcciones de correos" para alojar cada electrón en el átomo.

Para hacerlo, lo más sencillo es recurrir al modelo atómico de Rutherford. Supongamos que la corteza atómica donde se van a ir alojando los electrones, está compuesta por capas o "pisos" concéntricos con el núcleo, o mejor, vamos a tratar de ocupar un edificio de viviendas de varias plantas, y lo vamos completando empezando por la primera planta y después vamos ascendiendo.

Empecemos a colocar personas. Además especificamos una serie de reglas que ha dictado el arquitecto para ubicarlas.

Estas reglas tienen que ver con la capacidad por planta, el número de habitaciones por planta y sexo del individuo.

Empecemos pues por llenar la primera planta en la que solo hay dos habitaciones, una para cada uno de los individuos que deben ser pareja heterosexual.

Llega el primer individuo, lo colocamos en la primera planta, da lo mismo que sea varón o hembra. Ya tenemos un inquilino. Este edificio ocupado solo por un individuo (1 electrón) le llamaremos Hidrógeno. Hemos creado el primero y más abundante elemento químico del universo. Llega un segundo individuo. Este debe ser de sexo distinto al primero. Lo alojamos en la habitación libre y hemos ocupado el primer piso. Tenemos el Helio, el segundo elemento más ligero de la naturaleza.

Pasemos al segundo piso; en éste las "reglas de habitabilidad" dicen que está compuesto de 4 habitaciones dobles distribuidas en dos rellanos: el primero con una habitación y el segundo con 3 habitaciones. Al alojar al tercer individuo lo colocamos en la habitación del primer rellano; sea un varón. Con esto hemos formado el elemento químico, Litio.

El siguiente inquilino será hembra. Con estos 4 vecinos tenemos la vivienda ocupada con una pareja en el primer piso y otra en el segundo. Los restantes pisos siguen vacíos. El elemento así configurado sería el Berilio.

Considere el lector que solo estamos prestando atención a la ocupación de los pisos, pero los átomos están formados por núcleo, luego al mismo tiempo que vamos alojando electrones debemos recolocar también los protones y los neutrones correspondientes.

Demos por hecho que este trabajo se está haciendo por otro equipo de personas y que se van alojando en el sótano del edificio. Dejaremos a la imaginación que haga el trabajo restante hasta completar el edificio; la disposición de los electrones en sus respectivos niveles se puede consultar en cualquier manual.

Lo importante es que entendamos que la distribución no es aleatoria sino que está organizada por ciertas reglas que constituyen los números cuánticos que determinan la ubicación de cada partícula y las energías constituyentes.

Las partículas, en el caso que nos ocupa, los electrones, son todos idénticos, de la misma especie podríamos decir siguiendo el ejemplo de colocación pero con la condición de que sean humanos, varones o hembras.

La cosa se empieza a complicar a medida que el edificio se va llenando, pero con cuatro condiciones o números cuánticos se puede organizar toda la materia. Los números cuánticos son cuatro, denominados por las letras n, l, m y s. Los números n, l, y m son consecuencia de la resolución de las ecuaciones de Schrödinger mientras que s viene dado por tener en cuenta resultados experimentales que solo son inteligibles cuando se aplica la mecánica relativista.

Volviendo al ejemplo del edificio la correspondencia de los números cuánticos con la ubicación de los individuos sería:

TABLA 7.2
Valores de los números cuánticos

Número cuántico	Valores posibles	Correspondencia en la Vivienda
n	1, 2, 3, …	número de piso
l	0, 1, 2, …n-1	número de rellanos por piso
m	-l,…0,…l	número de habitaciones por rellano
s	+1/2, -1/2	sexo del individuo

Así pues si conocemos los 4 números cuánticos de un electrón, sabemos su dirección completa y su "género". Después de esta explicación quizá sea más fácil comprender los espectros de los átomos cuando absorben o emiten energía.

Según el excesivamente simplista ejemplo que he utilizado, la energía absorbida será aquella que un vecino utiliza para ascender desde su piso a otro vacío superior; cuando regrese (o le desalojen) al suyo, soltará la energía que tomó.

Vemos también que los saltos de energía no pueden ser cualquiera sino que deben ser los permitidos según el piso de donde proceda y no puede haber saltos fraccionarios, o es uno u otro pero siempre enteros. Esto sería el equivalente a la cuantización establecida por la constante de Planck. Como vemos los números cuánticos son números enteros, excepto el número s, llamado spin del electrón, que deriva como hemos dicho, de la mecánica basada en la relatividad de Einstein.

El spin viene a significar el sentido de giro sobre sí mismo del electrón. El sentido de giro solo puede ser o de derecha a izquierda o de izquierda a derecha siendo los signos positivo o negativo respectivamente. No confundir el signo positivo o negativo del spin con el signo de la carga eléctrica del electrón que sabemos que es negativo.

La resolución de las ecuaciones de Schrödinger nos proporciona los lugares donde se situará el electrón y que hemos convenido en llamarlos orbitales. Su forma no tiene nada que ver con los orbitas circulares de Rutherford sino que son figuras geométricas tridimensionales notablemente más complicadas. Ellas representan el lugar donde se mueve el electrón con un 99% de probabilidad de encontrarlo.

Esta es la diferencia fundamental entre la mecánica clásica y la cuántica.

La primera habla de certezas o sea de posiciones precisas de las partículas mientras que la cuántica nos indica solo probabilidades.

Así el orbital, como hemos dicho, es el lugar geométrico donde se encontrará un electrón con probabilidad del 99% para unos valores dados de sus números cuánticos.

Como ilustración indicaremos el aspecto de los orbitales del átomo de hidrógeno calculados resolviendo las ecuaciones de Schrödinger pero antes debo aclarar el significado físico de cada número cuántico. El número n principal determina el tamaño del orbital; l ó acimutal indica la forma espacial del orbital; m de magnético determina la orientación en el espacio y s (ó también ms) el spin.

TABLA 7.3

Orbitales atómicos

Nombre del orbital	Forma física		
s			
p	Orbital p_x	Orbital p_y	Orbital p_z
d			
f	fxz^2	fyz^2	

Imágenes tomadas de http://commons.wikimedia.org/wiki

La tabla requiere los siguientes comentarios:

-Las letras s, p, d y f son los nombres que reciben los orbitales ordenados de menor a mayor energía (ver figura 7.4).

-Los orbitales s son de estructura esférica. La probabilidad de encontrar al electrón en cualquier punto de la esfera es del 99%, pero existe una probabilidad del 1% de que esté fuera de ella.

-Los orbitales p son como dos semiesferas separadas por un plano. La probabilidad de encontrar al electrón dentro de las semiesferas es, igual que en el caso del orbital s, del 99% pero no podemos saber en cual de cada una de las semiesferas se encuentra. Teóricamente podría estar en las dos al mismo tiempo y no podremos saberlo hasta que se observe. Por otro lado y según el principio de incertidumbre de Heisenberg nunca podremos conocer con exactitud al mismo tiempo, la posición y la velocidad del electrón.

-Más complicados son los orbitales d. Las formas de los orbitales incluyen entre tres y cuatro posibles localizaciones en un instante dado para un mismo electrón. Respecto a los orbitales f la complejidad y la disposición espacial es todavía más complicada. En la tabla 7.3 se han representado solo algunas de las posibles conformaciones de los orbitales d y f.

-Un orbital no es más que el lugar geométrico calculado por las ecuaciones de Schrödinger, que puede ocupar (recordemos que hablamos siempre de probabilidades) un electrón en el átomo.

En la figura 7.4 se incluye un esquema con el que visualizar los diferentes estados energéticos de los orbitales. La imagen quiere mostrar que los diversos niveles energéticos de los orbitales son como los peldaños de una escalera.

Los niveles de energía mas bajos y los más estables son los primeros peldaños y la energía orbital va subiendo a medida que ascendemos por la escalera.

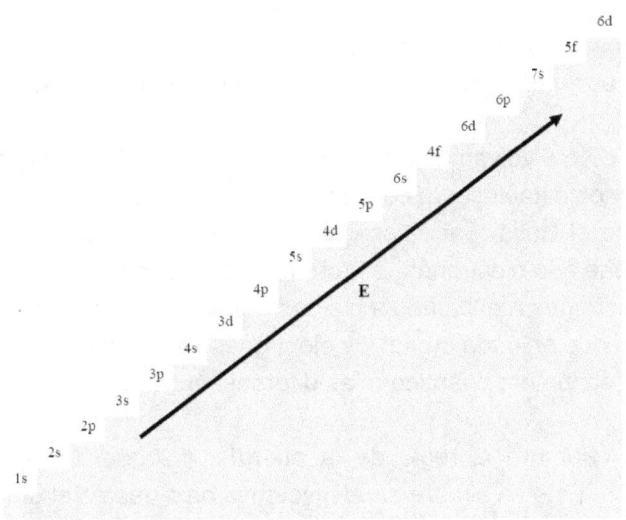

Fig. 7.4. Escalones de energía de los orbitales calculados según la mecánica de Schrödinger

El número que aparece delante del símbolo del orbital representa la capa electrónica donde están situados los electrones. En los átomos más grandes se pueden encontrar hasta 7 capas de electrónicas.

Los electrones se van situando en las capas y orbitales con menor energía completándose las sucesivas capas con arreglo a determinadas reglas como son la menor energía del orbital y el principio de exclusión de Pauli[54].

---

54 Wolfgang Ernst Pauli (1900-1958) físico austriaco, pionero de la mecánica cuántica y conocido por su principio de exclusión que le valió el Premio Nobel de física en 1945 siendo nominado para ello por Einstein.

Este principio, aplicado al electrón, dice que ningún electrón puede tener los cuatro números cuánticos n, l, m y s iguales.

La contribución de Pauli a la física fue fundamental para poder establecer la constitución electrónica de los elementos que definen las leyes que gobiernan la combinación de las sustancias químicas y por ende dar sentido a toda la química moderna.

Pero volvamos otra vez a la figura 7.4. Supongamos que queremos establecer la constitución electrónica de un átomo, por ejemplo el Helio. Sabemos que su número atómico es 2 o sea que tiene dos electrones, 2 protones y 2 neutrones. Coloquemos los electrones atendiendo a las dos reglas anteriores teniendo en cuenta que en cada orbital los electrones se pueden emparejar si tienen el número cuántico m es diferente (+1/2 ó -1/2).

Primero la regla de la energía; coloquemos el primer electrón. Este se situará en el nivel más bajo que es el orbital 1s. Ahora procedamos a colocar el segundo electrón. Como sabemos que en el orbital s solo puede haber dos electrones como máximo, cabe uno más pero con spin contrario. Entonces la distribución electrónica del Helio es 1s2, que significa que tiene dos electrones emparejados en el orbital 1s.

Vayamos ahora a por el Litio. Este tiene 3 electrones. Esto quiere decir que como el primer orbital 1s ya está completado (porque vamos sumando electrones sobre el átomo anterior), el tercer electrón que hace al Litio, se debe colocar en el siguiente nivel energético superior que es el 2s de nuestro esquema. El Litio tiene por tanto una constitución electrónica $1s^2\ 2s^1$.

Los superíndices representan los electrones. Si añadimos un electrón más (por supuesto acompañado de su correspondiente protón), obtendremos el siguiente elemento químico, que es el Berilio: $1s^2\ 2s^2$

Para terminar vayamos al elemento químico Boro que tiene 5 electrones. En este caso como ya están completados los orbitales 1s y 2s (recordemos que los orbítales tipo s solo pueden tener dos electrones como máximo) debemos escoger el siguiente que es el 2p. El orbital p puede contener 3 pares de electrones, en total 6 electrones. El nuevo electrón que incorpora el Boro irá a parar al orbital 2p. En la tabla 7.3 se describen 3 posibles orbitales p cada uno según un eje de coordenadas, pero los tres tienen la misma energía.

Así, la estructura atómica del Boro será: $1s^2 \ 2s^2 \ 2p^1$. Siguiendo los mismos razonamientos y conociendo el número máximo de electrones en cada orbital se consigue establecer la estructura electrónica de todos los átomos. Ésta se puede consultar en cualquier manual de química-física.

7.7 EL SISTEMA PERIÓDICO DE LOS ELEMENTOS

La tabla periódica de los elementos químicos, también llamada sistema periódico, es un instrumento que organiza y clasifica las propiedades de los elementos químicos en función de su número atómico. A finales del siglo XIX el químico ruso Mendeleiev[55] y casi simultáneamente el alemán Meyer[56] establecieron la primera clasificación de los elementos químicos conocidos en forma de tabla ordenada según sus números atómicos, dejando espacios libres que ocuparían los elementos que estaban por descubrir. En esos momentos se conocían algo más de 60 elementos naturales.

---

55 Dmitri Ivanovich Mendeleiev (1834-1907) químico ruso, creador de la Tabla Periódica de los elementos en 1869.
56 Julius Lothar Meyer (1830-1895) químico alemán descubridor, por separado de Mendeleiev, de la Tabla Periódica de los elementos en 1870.

La forma definitiva de la tabla periódica, tal como la conocemos hoy, se debe al químico suizo Alfred Werner (1866-1919), Premio Nobel por sus trabajos en química inorgánica.

La forma actual es la que aparece en la figura 7.5. Cada elemento químico viene descrito en un cuadro con un símbolo, que es la letra o letras que identifican el nombre y un número entero en la parte superior del cuadro que es su número atómico (el número atómico es el número de protones que contiene el núcleo). Debajo del símbolo del átomo normalmente se incluye el peso atómico (en el caso de la figura 7.5 no está descrito para simplificar el esquema) que es la suma de protones más neutrones, expresada en gramos.

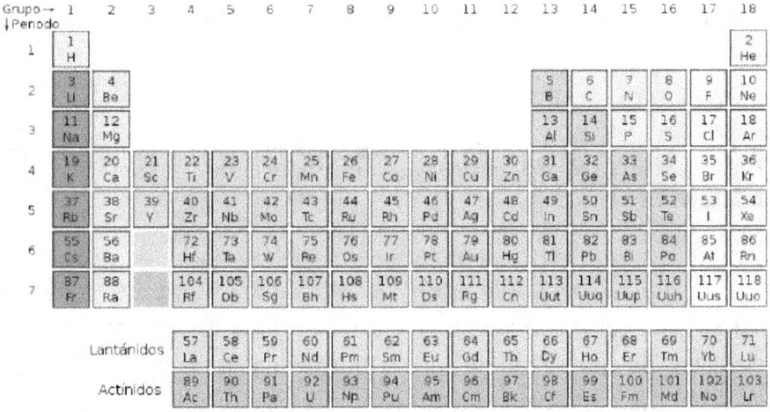

Grupo→ / ↓Periodo	1	2	3	4	5	6	7	8	9	10	11	12	13	14	15	16	17	18
1	1 H																	2 He
2	3 Li	4 Be											5 B	6 C	7 N	8 O	9 F	10 Ne
3	11 Na	12 Mg											13 Al	14 Si	15 P	16 S	17 Cl	18 Ar
4	19 K	20 Ca	21 Sc	22 Ti	23 V	24 Cr	25 Mn	26 Fe	27 Co	28 Ni	29 Cu	30 Zn	31 Ga	32 Ge	33 As	34 Se	35 Br	36 Kr
5	37 Rb	38 Sr	39 Y	40 Zr	41 Nb	42 Mo	43 Tc	44 Ru	45 Rh	46 Pd	47 Ag	48 Cd	49 In	50 Sn	51 Sb	52 Te	53 I	54 Xe
6	55 Cs	56 Ba		72 Hf	73 Ta	74 W	75 Re	76 Os	77 Ir	78 Pt	79 Au	80 Hg	81 Tl	82 Pb	83 Bi	84 Po	85 At	86 Rn
7	87 Fr	88 Ra		104 Rf	105 Db	106 Sg	107 Bh	108 Hs	109 Mt	110 Ds	111 Rg	112 Cn	113 Uut	114 Uuq	115 Uup	116 Uuh	117 Uus	118 Uuo

Lantánidos	57 La	58 Ce	59 Pr	60 Nd	61 Pm	62 Sm	63 Eu	64 Gd	65 Tb	66 Dy	67 Ho	68 Er	69 Tm	70 Yb	71 Lu
Actínidos	89 Ac	90 Th	91 Pa	92 U	93 Np	94 Pu	95 Am	96 Cm	97 Bk	98 Cf	99 Es	100 Fm	101 Md	102 No	103 Lr

Fig 7.5 Tabla periódica de los elementos químicos

La tabla periódica de los elementos los clasifica en varios grupos atendiendo a un conjunto de propiedades comunes a todos los elementos del mismo grupo. Los elementos de los grupos 1 y 2 son los considerados metales alcalinos.

Los elementos de los grupos 13 a 17 se llaman no metales por contraposición a los anteriores.

Metales y no metales se unen entre ellos con mucha fuerza en cuanto se presenta la ocasión, para formar sales, como la sal común o cloruro sódico, que es una combinación del Cloro con el Sodio. Los del grupo 18 son los llamados gases nobles y son tan estables que se puede considerar que no reaccionan ni entre ellos ni con los demás elementos. Entre los metales y no metales se sitúan un grupo de elementos llamados elementos de transición. Este apartado lo forman los elementos de los grupos 3 a 12 ambos inclusive, y entre ellos encontramos los elementos considerados como metales de transición o simplemente metales en términos populares, Hierro (símbolo Fe), Cromo (Cr), Oro (Au), y Plata (Ag) entre otros.

Por último tenemos los elementos de transición interna que se agrupan en dos subgrupos llamados lantánidos y actínidos porque derivan del Lantano (La) y Actinio (Ac) respectivamente.

Muchos de estos elementos no existen en la naturaleza y se obtiene como resultado de reacciones nucleares. Una gran cantidad de propiedades comunes entre elementos químicos se derivan y relacionan del grupo al que pertenecen.

Las relaciones verticales dadas por los grupos se complementan por las propiedades derivadas de la pertenencia a los periodos representados por las filas horizontales de la tabla periódica. Los periodos son 7 y viene a indicar la colocación de los electrones en las diferentes capas que expresan de manera sencilla la estructura atómica explicada por Rutherford y Bohr. Podemos por tanto, establecer la relación periodo-capa electrónica.

Así, en el periodo número 1 podemos encontrar los elementos con una sola capa electrónica que son el Hidrógeno y el Helio. Los elementos del periodo 2 tienen los electrones distribuidos en dos capas. Sucesivamente se van ordenando los del período 3 y siguientes.

Notemos que los elementos de los que está constituido el 99 % de los compuestos químicos en los que se basa la estructura de todos los seres vivos, se sitúan en los periodos 1, 2 y 3 o sea todos son elementos "ligeros", o de bajo peso atómico. En el periodo 1 encontramos al Hidrogeno (H); en el periodo 2 el Carbono (C), el Nitrógeno (N) y el Oxígeno (O); en el periodo 3 el Sodio (Na), el Fósforo (P) y el Azufre(S).

Por tanto, los períodos representan el número de capas electrónicas del átomo quedando aún una estructura fina que es la determinada por los orbitales de Schrödinger dentro de cada capa electrónica. De ésta estructura fina depende que los elementos se clasifiquen en metales, no metales y elementos de transición en función de donde van localizando los electrones de su capa más exterior.

Por ejemplo los metales alcalinos colocan sus nuevos electrones en los orbítales tipo s; los no metales añaden electrones en el orbital p; los elementos de transición suman electrones en el orbital d y por último las elementos de transición interna lo hacen en los orbitales f. Vemos que la clasificación de la tabla periódica de los elementos acumula, de manera sencilla, información de suma importancia para la química. De ahí su gran utilidad.

De hecho en los exámenes de química Inorgánica en los antiguos planes de estudios universitarios, en algunas facultades (Complutense de Madrid) se exigía al alumno saberse de memoria y sin titubear, la situación de todos y cada uno de los elementos conocidos de manera que el alumno podría componer en un momento dado la tabla periódica sin manuales de química.

7.8 EL NÚCLEO ATÓMICO

El átomo no es solamente corteza electrónica, al contrario, casi la totalidad de la masa se concentra en el núcleo. La importancia de conocer la corteza electrónica reside en el hecho de que en ella se basa el concepto de la química ya que con los electrones de la corteza se efectúan todas las reacciones químicas que gobiernan las relaciones entre los átomos y las moléculas que de ellos se derivan.

El núcleo del átomo solo interviene en las reacciones nucleares que se desarrollan bajo las condiciones de la fuerza nuclear fuerte. En la naturaleza se consideran cuatro fuerzas bajo las que se desarrollan todos los procesos:

-**Gravedad.** Es la más débil de las cuatro. Para cuerpos grandes las fuerzas gravitatorias se suman y pueden dominar sobre todas las demás fuerzas.

-**Electromagnetismo**. Es de largo alcance y mucho más intensa que la gravedad pero solo actúa sobre partículas con carga eléctrica.

-**Fuerza nuclear débil**. Produce la radiactividad y desempeña un papel decisivo en la formación de los elementos de las estrellas y en el universo primitivo. En la vida corriente no entramos en contacto con esa fuerza.

-**Fuerza nuclear fuerte**. Mantiene unidos los protones y los neutrones dentro de los núcleos atómicos.

Mediante las reacciones nucleares se pueden transformar unos elementos químicos en otros, bombardeando los núcleos con diferentes partículas tales como alfa, beta, neutrones, etc.

El resultado serán otros elementos de mayor o menor número atómico y peso atómico. Cuando un elemento químico, como resultado de una reacción nuclear, se parte en elementos más pequeños, decimos que ha ocurrido una reacción nuclear de fisión y si por el contrario, partimos de átomos pequeños y resultan otros más grandes, hablamos de reacciones de fusión.

Las energías que se desprenden estas reacciones son descomunales y están controladas por la ecuación de Einstein ya mencionada en esta obra. Para hacernos una idea de las cifras que estamos manejando veamos un ejemplo; supongamos que 1/2 Kg. de una sustancia, digamos Uranio (peso atómico, 235) puro, la hacemos explotar transformándose totalmente en energía. Si aplicamos la ecuación de Einstein tendremos que:

$$E = 1/2 \text{ kg} \times (300.000.000 \text{ m/s})^2 = 1.5 \times 10^{16} \text{ julios}$$

Si esta energía se libera en un segundo resultarán 1,5 x 1013 kilowatios (o 15 millones de gigawatios), o sea, de efectos devastadores cuando se utiliza como arma nuclear.

En el caso comentado de la fisión del Uranio se producen átomos de Kriptón y Bario y sería un ejemplo de reacción nuclear de fisión. Como ejemplo de reacción nuclear de fusión podemos citar la más importante para nosotros como es la reacción de dos átomos de Hidrogeno para producir un átomo de Helio. Esta es la reacción que se produce en la superficie del Sol y nos provee de energía, podríamos decir que infinita, para el mantenimiento de la vida en la Tierra.

Hemos visto que el núcleo está compuesto de neutrones y protones pero a su vez estas partículas no son indivisibles sino que están formadas por otras aún más pequeñas que se llaman quarks.

Estos quarks[57] a su vez están formados por constituyentes aún más pequeños pero que no tienen existencia propia en la naturaleza. No es posible identificar quarks libres, siempre aparecen combinados formando protones o neutrones.

TABLA 7.4
Clasificación de las partículas atómicas

1.- SEGÚN SU SPIN	
BOSON: SPIN ENTERO (0,1,2)	**FERMIÓN:** SPIN FRACCIONARIO
ÁTOMO DE HELIO	QUARKS
NÚCLEO DE DEUTERIO	LEPTONES (ELECTRÓN, NEUTRINO…)
2.- SEGÚN SU INTERACCIÓN FUERTE	
SÍ RESPONDE A INTERACCIÓN FUERTE:	**NO** RESPONDE A INTERACCIÓN FUERTE:
HADRONES	*FERMIONES*
3.- SEGÚN LOS QUARKS CONSTITUYENTES	
MESONES: 1 QUARK + 1 ANTIQUARK	BARIONES: QUARK1+QUARK2+QUARK3
PIONES, KAONES	PROTONES, NEUTRONES

4.- TIPOS DE QUARKS		
1ª GENERACIÓN	2ª GENERACIÓN	3ª GENERACIÓN
• QUARK ARRIBA	• QUARK EXTRAÑO	• QUARK FONDO
• QUARK ABAJO	• QUARK ENCANTO	• QUARK CIMA

Los nombres dados a los quarks son adjetivos asignados para distinguir entre sus propiedades atribuidos por los creadores de la rama de la física cuántica llamada Cromodinámica Cuántica.

---

57 Las primeras noticias del descubrimiento de los quarks fue realizada por el físico norteamericano Murray Gell-Mann (Nueva York 1929). Sin embargo el descubrimiento experimental lo efectuaron los físicos Taylor, Kendall y Politzer que recibieron el Premio Nobel de física en 1990 por estos descubrimientos. Los quarks se descubrieron en los aceleradores de partículas.

Las generaciones de quarks se distinguen por la masa del quark en orden ascendente: así la tercera generación tiene más masa que la segunda y ésta más que la primera.

Todos los quarks tiene a su vez tres tipos de "colores" de carga: rojo, verde y azul. Estos colores no son los que estamos acostumbrados a manejar del espectro de luz blanca. El término "color" se deriva simplemente del hecho de que la propiedad que describe tiene tres aspectos (análogos a los tres colores primarios), a diferencia del "aspecto" simple de la carga electromagnética.

Con los datos proporcionados de la tabla 7.4 podemos establecer una estructura atómica basada en las partículas elementales de la siguiente manera. En la corteza se sitúan los electrones que según la tabla 7.4 pertenecen a la clase de los fermiones, por tener spin fraccionario y la subclase de leptones por no responder a la interacción fuerte. En el núcleo encontramos los protones y neutrones. Ambos son hadrones porque experimentan la interacción fuerte (que es la fuerza que mantiene unidos a los protones y neutrones) y además bariones porque están formados por la unión de 3 quarks: verde, azul y rojo. Un esquema simple de la estructura del átomo podría ser el siguiente:

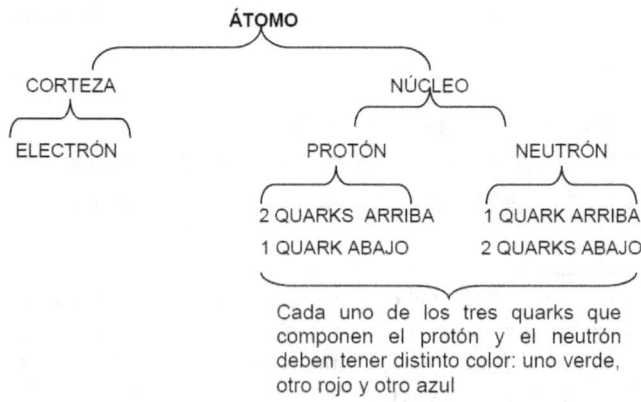

Cada uno de los tres quarks que componen el protón y el neutrón deben tener distinto color: uno verde, otro rojo y otro azul

Del esquema anterior observamos que en el átomo no aparecen bosones ni mesones. Esto se debe, por un lado, a que los bosones no son realmente partículas cuánticas en tanto que no cumplen el principio de exclusión de Pauli (véase nota 17 de este mismo capítulo).

Y ya hemos dicho en la tabla 7.4 que son conjuntos discretos de partículas como por ejemplo un átomo de Helio que está compuesto por dos electrones, dos protones y dos neutrones o el núcleo de Deuterio[58] que tiene 1 protón y un neutrón.

Respecto al mesón, que está formado por quark y un antiquark, no se considera una partícula constituyente del átomo por la razón de que al estar compuestos por materia y antimateria (quark más antiquark) son muy inestables y se destruyen con rapidez. Se producen por las interacciones entre bariones (protones y neutrones).

Hemos dejado al margen el mundo de la antimateria porque su estudio queda fuera del alcance de esta obra y no afecta al conocimiento básico de la estructura del átomo. Las partículas "exóticas" se manifiestan en los aceleradores de partículas y tiene una existencia efímera, apenas detectable.

El universo está formado por partículas y sus opuestas antipartículas. Así encontramos que existe un electrón positivo llamado positrón y partículas materiales como los quarks con sus antagonistas los antiquarks. Todo este tratamiento forma parte de una disciplina de la física de vanguardia en constante evolución llamada física de Partículas cuya principal herramienta conceptual es la física Cuántica.

---

58 El Deuterio es un isótopo (elemento que contiene distinto número de neutrones que el átomo del que deriva) del Hidrógeno.

CAPÍTULO VIII
LA TEORIA DE LA RELATIVIDAD
EINSTEIN Y SU MUNDO

No siempre los genios son reconocidos de inmediato. Aunque Albert Einstein llegaría a ser el mayor físico teórico que jamás haya existido, cuando iba a la escuela elemental en Alemania, su maestro le dijo a su padre: <<Nunca hará nada de provecho>>. Stephen Hawking

8.1 SOBRE SU VIDA

Albert Einstein nació en Ulm, Alemania, en 1879 en el seno de una familia judía, tanto por parte de madre como de padre, establecida más de doscientos años antes en la región alemana de Suabia, a orillas del río Danubio. A los tres años, la familia se mudó a Munich donde regentaban un negocio de fabricación de generadores eléctricos y distribución de electricidad. Desde muy pequeño fue iniciado en la música aprendiendo a tocar el violín del cual llego a ser un consumado intérprete. Su compositor más apreciado fue Mozart de cuya obra extrajo el amor por la pureza, simplicidad y belleza, que después aplicaría a sus conceptos físicos.

A la edad de 4 ó 5 años, Einstein tuvo su primer contacto con los fenómenos físicos que le marcarían de por vida. Su padre le regaló una brújula y quedó maravillado del poder oculto que se ejercía sobre la aguja magnética sin ningún vínculo aparente con el mundo exterior.

Esta experiencia hizo a Einstein preocuparse de por vida por la existencia de los campos vectoriales dedicándole un lugar preeminente en todos sus teorías.

Einstein pasó su niñez y adolescencia en Munich hasta que la desgracia se abatió sobre la familia. El negocio familiar de electricidad entró en bancarrota cuando perdió en la pugna con la empresa Siemens por el contrato de suministro de electricidad a Munich. La familia se disgregó y sus padres se fueron a vivir al norte de Italia. Él permaneció en Munich para terminar sus estudios en el Luitpold Gymnasium pero fue obligado a abandonarlo y Einstein decidió irse de Munich y regresar con sus padres a Italia con la decisión de no volver más a Munich y renunciar incluso a la nacionalidad alemana. En realidad iba huyendo del militarismo prusiano que consideraba denigrante para la naturaleza humana. Estaba a punto de que le llamaran a alistarse en el Ejército prusiano que tanto odiaba.

En 1895 ingresó en la Escuela Cantonal de Aarau, ciudad suiza muy próxima a la frontera alemana. Allí estudió dos cursos de la Sección Industrial de la Escuela. En Aarau, Einstein fue muy feliz y allí fue introducido en el clima de libertad para el estudio y el conocimiento que tanto ansiaba, lejos de la rigidez del sistema prusiano. Los años pasados en Aarau los recordaría hasta el final de su vida. Hablaba de Aarau como <<un inolvidable oasis dentro del oasis europeo que era Suiza>>[59].

En Aarau tuvo su famoso experimento mental en el que se imaginó viajando junto a un rayo de luz, que sería según el mismo confesó años mas tarde, su primera aproximación a la teoría de la relatividad.

En Octubre de 1896, Einstein comenzó sus estudios universitarios en la Escuela Politécnica de Zúrich que acabaría en 1900.

---

59 Carl Seeling. Albert Einstein. Espasa-Orbitas. 2005. Página 43.

Aquí coincidió con la que seria su primera esposa la matemática serbia Mileva Maric.

Uno de los profesores que más influyó sobre Einstein fue el matemático Minkowski (1864-1909) que le ayudó en el desarrollo matemático de la Teoría de la relatividad especial. Einstein reconocería años después el trabajo de Minkowski gracias al cual, pudo generalizar sus ideas de la teoría de la relatividad especial en su obra cumbre que fue la teoría de la relatividad general. Acabados sus estudios universitarios ejerció como profesor suplente de matemáticas en la Escuela Técnica de Winthertur y consiguió la nacionalidad suiza.

En 1902 empezó a trabajar en la Oficina Confederal de la Propiedad Intelectual de Berna con un sueldo anual de 3500 francos. En la Oficina de Patente s trabajó hasta 1909 cuando renunció al cargo para dedicarse plenamente a la labor investigadora. En 1903 se casó con Mileva Maric y con ella compartiría sus principales descubrimientos hasta que su matrimonio se rompió en 1919. Tuvieron dos hijos, Hans Albert y Eduard, este último sufrió de problemas psiquiátricos ya que tenía esquizofrenia.

El año 1905 fue el *annus mirabilis* de Einstein como lo fuera para Newton 240 años antes, el año 1665. Ese año publicó cinco trabajos de física teórica cada una de ellos fundamentales para el desarrollo de la esa ciencia, entre ellos el enunciado del efecto fotoeléctrico que le valió el Premio Nóbel de física en 1921, la teoría de la relatividad especial y su más famosa ecuación que relaciona la masa con la energía y la velocidad de la luz en la forma:

$$E = mc^2$$

En sus propias palabras explicaba la ecuación diciendo que <<si un cuerpo emite energía en forma de radiación su masa disminuye según el cociente E/c^2>>.

En el periodo de comprendido entre 1909 y 1914 ejerció la docencia como profesor en la Universidad de Zúrich de donde partiría en 1914 a Berlín como profesor de su Universidad. Fue en este año cuando los problemas matrimoniales llegaron al punto de plantear la separación de la pareja que sería definitiva en 1919.

La primera guerra mundial, la "Gran Guerra" le sorprendió en Berlín y Einstein manifestó su disgusto por la guerra y ejerció un peligroso pacifismo difícil de mantener dado el entorno en el que se movía donde figuraban científicos de la talla de Habber[60], Nerst[61] y Max Planck que ejercían de fuerte militarismo prusiano. Fue durante la Gran Guerra cuando Einstein en 1915 enunció su Teoría General de la Relatividad. En esta teoría general es donde Einstein establece la curvatura del espacio-tiempo.

Es también en estos años donde prepara el divorcio de Mileva Maric para casarse con su prima Elsa Einstein que había enviudado. Para conseguir el divorcio de Mileva Einstein le prometió una indemnización por el total del valor del Premio Nóbel que pensaba que se le iba a conceder (como así fue en 1921) y declararse culpable de adulterio al haber estado viviendo con su prima durante mas de cuatro años. Conseguido el divorcio Elsa y Einstein se casaron en 1919 y no tuvieron hijos.

El año 1919 fue importante también desde el punto de vista científico, ya que ese año se demostró experimentalmente en un eclipse solar que la desviación de la luz del Sol al pasar cerca de la orbita de Mercurio cumplía las predicciones de la Teoría general de la relatividad y desterraba para siempre la teoría de Newton, demostrando que el campo gravitatorio era capaz de interaccionar con la luz.

---

60 Fritz Haber (1868-1934) fue un químico alemán famoso por la síntesis del amoniaco.
61 Walter Nerst (1864-1941) químico y físico alemán famoso entre otras cosas por el enunciado del tercer principio de la termodinámica.

Este fue quizá el experimento más importante para constatar la veracidad de la teoría general de la relatividad.

La resaca de la derrota de Alemania trajo consigo un agresivo antisemitismo que empezó a afectar a la vida de Einstein.

En la década de los años veinte del siglo pasado otra concepción de la física empezó a despuntar como una disciplina útil para explicar el comportamiento íntimo de la materia a nivel atómico. Esta ciencia que se llama física cuántica se fundamentaba en principios con los que Einstein nunca estuvo de acuerdo. Era sobre todo el comportamiento probabilístico de la materia lo que nuestro genio no podía admitir. Famosas fueron sus discrepancias con el físico Niels Bohr, uno de los fundadores de la física cuántica.

A partir de 1919, la conformación de las pruebas experimentales le dio una enorme popularidad en Europa y Estados Unidos. La prensa internacional calificó la teoría de la relatividad como la revolución de la ciencia. Quedó elevado a la categoría de una estrella de Hollywood muy a su pesar ya que él estaba en contra de cualquier publicidad.

En la década de 1920, quizá para contrarrestar el creciente antisemitismo en Alemania, Einstein empezó a militar de sionista apoyando con su enorme fama el movimiento. El enconado antisemitismo se debía a odios ancestrales pero también las condiciones en las que se encontraba Alemania después de la primera guerra mundial. La inflación alcanzó cotas astronómicas y por otro lado las humillantes condiciones de rendición que se le impusieron. Alemania perdió 6 millones de hombres y debió renunciar a territorios donde donde conseguía mas de la mitad de sus recursos y todas sus colonias de ultramar. Otra razón de antisemitismo era simplemente que los judíos eran diferentes.

Relacionado con esto surgió en Alemania un movimiento antirrelativista patrocinado por un grupo de científicos de prestigio.

En enero de 1921 llegó el primer aviso para Einstein. Estaba firmado por un funcionario desconocido, Adolf Hitler, que escribió <<La ciencia, que una vez fue nuestro primer orgullo, está siendo enseñada hoy por hebreos>>[62]

En 1921 Einstein viajó por primera vez a Norteamérica para hacer una gira de conferencias, donde fue acogido como toda una celebridad.

La situación conocida de Alemania continuaba empeorando y de la misma manera aumentando el antisemitismo hasta el punto de que en 1922 fue asesinado por la extrema derecha el ministro Walther Rathenau por su pasado judío. Rathenau había sido ministro de asuntos exteriores y uno de los firmantes del Tratado de Versalles, junto con el tratado de Rapallo con la Unión Soviética. Por todo lo anterior se le considero por los nazis un instigador del la conspiración judeo-comunista. La policía avisó a Einstein de que podía ser el siguiente ya que figuraba como objetivo en las listas preparadas por los simpatizantes nazis.

Einstein salió de Berlín y se estableció temporalmente en Kiel. En el bienio 1922-1923 lo pasó viajando por diversos países defendiendo la causa sionista. Después de años de nominaciones, la primera vez lo fue en 1910, consiguió el Premio Nobel de física en 1921, no por su teoría de la relatividad sino por el efecto fotoeléctrico.

En los años 20 empezó a desarrollarse la física cuántica de la mano de Niels Bohr, Werner Heisenberg y Erwin Schrödinger, con la que Einstein nunca estaría de acuerdo auque tuvo que rendirse a las evidencias experimentales que la sustentaban.

---

62 Walter Isaacson. Einstein. His life and Universe. Simon & Schuster paperbacks.2007. Pag 289.

No obstante a regañadientes aceptó parte de sus postulados pero siempre mantuvo que aunque no incorrecta, la mecánica cuántica era incompleta.

Este sentimiento le llevó a trabajar el resto de su vida en dos temas: su disconformidad con la física cuántica y la búsqueda de las teorías de unificación, que persisten hasta nuestros días. Su objetivo era unificar la teoría electromagnética, la gravedad y la mecánica cuántica. Moriría sin conseguirlo. Sin embargo Einstein nominó a Heisenberg y Schrödinger para el premio Nobel que conseguirían en los años 1932 y 1933 respectivamente.

De 1931 data la graciosa anécdota de cómo Elsa explicó la grandiosidad de la mente de Einstein. En una visita al observatorio Monte Wilson cercano a Los Ángeles, a Elsa le explicaban los complejos aparatos de observación con lo que según el guía se trataba de encontrar las dimensiones y la forma del universo, a lo que ella contestó: <<Bueno, mi marido hace eso en la parte posterior de un sobre de correos usado>>.[63]

La visita de Einstein y su esposa Elsa venia a cuento del descubrimiento por Hubble de la expansión del universo y la confirmación practica que eso significaba de la constante cosmológica introducida por Einstein para explicar el hecho de que a pesar de las fuerzas gravitatorias, el universo no se colapsaba. Ante estos descubrimientos, ya no era necesario introducir una constante a capón en la ecuaciones de Einstein sino que la propia naturaleza lo hacía.

Einstein reconoció a su constante cosmológica como el error de su vida. Sin embargo años después se llegaría a relacionar la constante cosmológica como la energía oscura del universo, que hace que este se mantenga siempre en expansión.

---

63 Walter Isaacson. Einstein. His life and Universe. Simon & Schuster paperbacks.2007. Pag 354.

La contante cosmológica sigue siendo necesaria para explicar el universo.

Cumplidos los 50 años Einstein se volvió un enamoradizo de cuidado, y por su vida discurrieron numerosos affaires para desgracia de Elsa.

Al mismo tiempo se fue introduciendo cada vez más en cuestiones políticas y ejerció un pacifismo militante. Militó activamente en la causa sionista aunque estaba a favor de un acuerdo justo con los árabes que habitaban en Palestina.

Einstein creía en Dios, pero no en el concepto de las religiones monoteístas sino de una manera panteísta. Identificaba a Dios como el sentido que da vida a las leyes de la naturaleza y expresa la armonía de todo lo que existe, las cuales nuestra inteligencia apenas alcanza a comprender. Dios no era un ser personal que influencia directamente las acciones de los hombres. Era un determinista que no aceptaba el libre albedrío.

La religiosidad de Einstein ha sido tratada ampliamente por sus biógrafos, entre ellos Walter Isaacson y Carl Seelig reproduciendo las propias declaraciones de Einstein en diversos medios y conversaciones privadas. Reproducimos aquí el resumen que hace el científico inglés Richard Dawkins cuando estudia la religiosidad de Einstein en su libro *El espejismo de Dios*[64], definiendo el concepto de lo que él llama el einstenianismo, poniendo en boca de Einstein las siguientes afirmaciones: <<Sentir que detrás de cualquier cosa que pueda experimentarse hay algo que nuestra mente no puede comprender y cuya belleza y sublimidad nos llega solo indirectamente como un débil reflejo… eso es religiosidad. En este sentido, soy religioso>>.

Y Dawkins, conocido ateo militante añade <<En este sentido yo también soy religioso…>>

64 Richard Dawkins. El espejismo de Dios. Espasa 2010.

En 1933 se desplazó definitivamente a Estados Unidos como refugiado aunque le seria concedida la nacionalidad estadounidense. Escapó así de las represalias nazis. En 1933 el gobierno alemán prohibió a los judíos mantener ningún cargo oficial ni siquiera en la universidad. De esta manera tuvieron que exiliarse 14 premios Nobel y el 40 % de los profesores de física teórica del país. Entre ellos estaban los científicos que, junto con Einstein, ayudarían a fabricar la bomba atómica[65].

Ante la actitud de Hitler, Einstein en 1933 llego a la conclusión de que el pacifismo en ese momento no era adecuado. Tras su llegada a America, Einstein se estableció como profesor en la Universidad de Princeton.

El viejo amigo de Einstein el físico húngaro Szilard trabajó en las reacciones en cadena y se puede considerar como el precursor del desarrollo de la bomba atómica. Esta reacción en cadena se aplicaría en el proceso de fisión de uranio. Einstein escribió una carta al presidente Roosevelt anticipándole las investigaciones en curso y animarle a poner en marcha el proceso de fabricación de la bomba atómica antes de que lo pudieran hacer los alemanes. Esto ocurría en el verano de 1939.

Estaba a punto de comenzar la segunda guerra mundial por la alianza nazi-soviética para hacerse con el control de Polonia. Como consecuencia Francia e Inglaterra declararon la guerra a Alemania. Rooselvet no hizo mucho caso de la amenaza y fue necesaria otra carta. Por fin en Diciembre de 1941 nació el proyecto Manhattan un día antes del ataque japonés a Pearl Harbour.

El proyecto fue dotado con 2000 millones de dólares.

---

65 Walter Isaacson. Einstein. His life and Universe. Simon & Schuster paperbacks.2007. Pag 407.

No obstante una vez comprobados los efectos devastadores de las primeras pruebas y la seguridad de que Alemania no podría conseguirla porque estaba a punto de ser derrotada los mismos que animaron su construcción pidieron que no se utilizara.

Le escribieron una nueva carta al presidente Rooselvet que nunca leyó. Fue encontrada en su oficina después de su muerte el 12 de Abril y enviada a Truman para que no usara la bomba contra los japoneses pero este la pasó a su secretario de estado James Byrnes que no hizo nada por evitar el lanzamiento en Hiroshima y Nagasaki. Después del lanzamiento un grupo de científicos reclamó que se creara un consejo para el control de este armamento.

Einstein se arrepintió de su pacifismo anterior de manera que ahora estaba en contra de un desarme unilateral en plena guerra fría como algunos solicitaban. Se arrepintió así mismo de su pacifismo en los años 20 y 30 mientras Alemania aprovechaba para rearmarse.

Estaba a favor del socialismo sin tiranías y contra el capitalismo sin control que solo producía <<grandes diferencias sociales, ciclos de expansión y recesión, y altos niveles de desempleo>>[66]. Con estas palabras Einstein se estaba anticipando en 60 años a la crisis económica y financiera global que estamos sufriendo por la causa del descontrol del capitalismo salvaje.

Las críticas contra la nación alemana fueron feroces. Su opinión era que los alemanes habían masacrado a millones de civiles con un plan perfectamente programado.

---

66 Walter Isaacson. Einstein. His life and Universe. Simon & Schuster paperbacks. 2007. Pag 504.

Es más, afirmaba que si pudieran lo volverían a hacer y que ninguna señal de arrepentimiento se podía encontrar en el pueblo alemán[67].

De esta manera y todavía con frases mas duras condenaba al nazismo y advertía al resto de Occidente para no levantar la guardia frente al pueblo alemán al que consideraba capaz de todo, intelectuales incluidos.

Rondando los 70 años su salud empezó a declinar. Sufría de enfermedades intestinales y le diagnosticaron un aneurisma de aorta abdominal del que acabaría muriendo.

En 1952 cuando murió el fundador del estado de Israel, Weizmann, Einstein fue propuesto por los medios como su sucesor, pero él declinó la oferta.

Einstein murió por su aneurisma de aorta el 18 de Abril de 1955 a los 76 años dejando junto a la cama unos papeles con ecuaciones en las que trataba de expresar sus ideas sobre la teoría del campo unificado. Sus cenizas deberían haber sido arrojadas en el campo, pero su cerebro continuó durante más de cuarenta años siendo objeto de estudios y traslados de un lugar hacia otro.

El legado que nos dejó Einstein no se ciñe solo a los aspectos científicos sino que por encima de todo fue una persona libre, humanista, y de profundas creencias que defendió con ahínco pero siempre mediante el razonamiento y la comprensión del adversario. Podemos decir que fue un filosofo naturalista, enamorado de la sencillez y organización de la Naturaleza buscando siempre develar los secretos que su explicación encierra. Einstein basó su trabajo en esfuerzos mentales de imaginación y de su experiencia.

---

67   Walter Isaacson. Einstein. His life and Universe. Simon & Schuster paperbacks. 2007. Pag 50.

En su libro "Mi visión del mundo" hace hincapié en el valor de la experiencia:

...A través del razonamiento lógico no podemos alcanzar conocimiento ninguno sobre el mundo de la experiencia; todo el saber de la realidad nace de la experiencia y desemboca en ella. Las leyes encontradas mediante el uso de la lógica no tienen ningún contenido con respecto a lo real. Gracias a este descubrimiento empírico, y sobre todo a que luchó violentamente para imponerlo, Galileo se convirtió en el padre de la física moderna e incluso de todas las ciencias de la naturaleza.

Más adelante relaciona de una forma muy bella la influencia entre la física, las matemáticas, y la experiencia como herramienta:

Según nuestra experiencia estamos autorizados a pensar que la Naturaleza es la realización de lo matemáticamente más simple. Creo que a través de una construcción matemática pura es posible hallar los conceptos y las relaciones que iluminen una comprensión de la Naturaleza. Los conceptos usables matemáticamente pueden deducirse de ella. Está claro que la experiencia es el único criterio que tiene la física para determinar la utilidad de una construcción matemática. Pero el principio creativo se encuentra en realidad en la matemática. De algún modo creo que es cierto que a través del pensamiento puede comprenderse la realidad, tal como la soñaron los antiguos.

8.2 ANTECEDENTES DE LA TEORÍA DE LA RELATIVIDAD

Las teorías relativistas enunciadas por Einstein, no surgieron de repente, sino que tuvieron unos antecedentes en el pensamiento de otros científicos anteriores que desarrollaron los pilares científicos sobre las que Einstein construiría su edificio relativista. Probablemente el primer científico moderno que se dio cuenta de la relatividad de ciertas circunstancias de la Naturaleza fue Galileo. Él advirtió que las leyes conocidas a comienzos del siglo XVII, como eran la mecánica y la cinemática[68] eran las mismas para cualquier marco de referencia que se desplaza a velocidad constante. Galileo, al igual que Einstein haría después, utiliza experimentos mentales para imaginar situaciones de la naturaleza que después quedarían reflejadas en leyes y ecuaciones matemáticas.

El experimento mental de Galileo se puede resumir de la siguiente manera: imaginémonos situados en un camarote bajo la cubierta de un barco que se desliza sobre el agua y en su interior vuelan pequeños insectos como moscas, mariposas, etc. También hay una pecera donde hacen su vida pequeños pececillos. Tomemos una botella con agua y vertámosla despacio sobre un recipiente. Cuando el barco está anclado moviéndose suavemente sobre el agua comprobamos que los pequeños animales se mueven en todas direcciones sin ninguna restricción y el agua se vierte en un chorro continuo sobre el recipiente.

Veamos ahora que ocurre cuando levamos el ancla y el barco se mueve hasta conseguir una velocidad uniforme: comprobamos que los animales y los peces se mueven igual que cuando el barco estaba parado.

---

68 La cinemática es la parte de la mecánica que estudia la trayectoria de los cuerpos en movimiento sin tener en cuenta las causas que lo producen.

Las gotas de agua siguen saliendo de la botella con la misma velocidad y la misma inclinación. De esta manera comprobamos que no se ha producido ningún cambio en las condiciones dinámicas de los insectos ni del agua a pesar de que la velocidad del sistema en el que se alojan ha cambiado.

¿Qué es lo que ocurre para que parezca que nada ha cambiado?

La razón es que el aire donde se mueven las mariposas y el agua de la pecera se mueve a la misma velocidad que los pasajeros del barco. Subámonos a cubierta y observemos las olas acercándose a la proa del barco y prestemos oído a las sirenas de otros barcos que se cruzan.

En este caso la velocidad de las ondas sonoras o de las olas que se nos acercan las percibimos de manera diferente en función de la velocidad. Sus velocidades son velocidades relativas que dependen de nuestra rapidez de movimiento.

Estas velocidades relativas barco - oleaje ó sonido - barco se suman, de manera que si uno se mueve hacia una fuente sonora, por ejemplo la bocina de un barco, a 50 kilómetros a por hora y la velocidad del sonido de la bocina es de 333 m/s ó 1200 km/h), la velocidad relativa resultante de las ondas emitidas por la bocina sería la suma de las dos, o sea, 1270 km/h.

Este planteamiento Einstein lo trasladó al comportamiento de un rayo de luz y se preguntó si la luz se comportaría de la misma manera que el sonido.

Debemos recordar que hasta el descubrimiento del efecto fotoeléctrico, la luz era considerada como una onda desde los tiempos de Huygens, a pesar de la teoría corpuscular de la luz de Newton.

Además las teorías electromagnéticas de Maxwell reforzaban la hipótesis ondulatoria de la luz. Las ondas de la luz, al igual que las ondas sonoras de Huygens, debían trasladarse sobre un medio material. A finales del siglo XIX este medio material sobre el que se desplazaba la luz, era el éter, propuesto por Aristóteles en el siglo IV a. C.

La existencia del éter, implicaba gran cantidad de incógnitas: una de ellas era que el éter debía ser prácticamente infinito ya que si recibíamos luz de estrellas muy distantes, el éter debía ocupar todo el universo; al mismo tiempo debía ser muy liviano para no interferir con los astros y planetas y resistente para soportar la vibración de una onda moviéndose a la velocidad de 300.000 km/s.

Todas estas incógnitas se despejaron en 1887 mediante los experimentos de Michelson[69] y Morley[70]. Estos físicos midieron la velocidad de la luz en dirección del movimiento de la rotación de la Tierra y en dirección perpendicular. Si existía el éter, las velocidades medidas deberían ser distintas ya que el medio (el éter) debería ofrecer diferente resistencia al paso de la luz. El resultado fue que no ocurría eso. La velocidad de la luz era la misma en ambas direcciones, con lo que la conclusión fue espectacular: no existía el éter.

Debemos señalar que el objetivo del experimento de Michelson y Morley era medir la velocidad relativa de la Tierra con respecto al éter dando por hecho que el éter existía.

---

69 Albert A. Michelson (1852-1931) fue un físico polaco que se especializó en medir la velocidad de la luz. Recibió el premio Nóbel de física en 1907.
70 Edward W. Morley (1838-1923) químico y físico americano que colaboró con Morley en el experimento para probar la existencia del éter.

La conclusión de la inexistencia del éter no fue aceptada de inmediato. Los físicos de la época se resistieron. Imaginaron las más oscuras razones para seguir justificando el éter; entre ellas la más obvia: el éter existía pero sus propiedades eran indetectables por cualquier experimento. Unos años antes el gran físico holandés Hendrik Lorentz (1853-1928) había planteado la hipótesis de que todo lo que se movía a través del éter se contraía ligeramente, en particular de las partes de los interferómetros usados por Michelson y Morley para medir la velocidad de la luz.

Esta podía ser una de las razones por las que los experimentos de Michelson y Morley no habían detectado diferencias de velocidad de la luz en las dos direcciones de medida. Sin embargo, la teoría de la relatividad especial ofreció una explicación mas satisfactoria. Según esta teoría no existe ningún sistema de coordenadas privilegiado que dé pie a introducir la idea del éter, ni tampoco ningún viento solar del éter ni ningún experimento que lo ponga de manifiesto.

La contracción de los cuerpos en movimiento se deduce de los principios básicos de la teoría de la relatividad. Lo decisivo para esta contracción no es el movimiento en sí, sino el movimiento respecto al cuerpo de referencia elegido en cada caso.

La explicación de Einstein es que las partes de los aparatos de los experimentos de Michelson y Morley no se acortan respecto a un sistema de referencia ubicado en la Tierra, sino que lo hicieron respecto a un sistema que se halle en reposo con relación al Sol. Las medidas de la velocidad se hacían en interferómetros que son unos aparatos que descomponen los rayos de luz monocromática (una longitud de onda única) en dos haces de luz y mediante el estudio de la interferencia de los rayos una vez unidos pueden determinar la velocidad de desplazamiento de la onda.

El experimento de Michelson y Morley fue uno de los hechos experimentales que más influyó sobre Einstein para establecer el principio de la relatividad especial.

Otro hecho que influyó de manera notable fue el experimento mental que ideó cuando tenía 16 años. Este consistió en lo siguiente:

<<si yo persigo un haz luminoso a la velocidad de la luz en el vacío, yo observaré ese haz de luz como un campo electromagnético en reposo pero oscilando espacialmente>> *(recordemos que el campo electromagnético son dos ondas acopladas perpendicularmente, una la del campo eléctrico y otra del campo magnético)*. Parece que tal cosa no puede tener lugar, ni de acuerdo a la experiencia ni según las ecuaciones de Maxwell. Desde el principio mismo me pareció intuitivamente claro que desde el punto de vista de ese observador, todo ocurriría de acuerdo a las mismas leyes que las que serían válidas para otro observador que estuviera en reposo respecto a la tierra. ¿Pero cómo sabría el primer observador determinar que está en un estado de rápido movimiento uniforme? Uno ve contenido en esta paradoja el germen de la teoría especial de la relatividad>>[71].

Uno de los fundamentos de lo que después seria la teoría de la relatividad especial lo dió Einstein al sugerir que la luz se desplazaba no exactamente como una onda sino más bien como minúsculos paquetes de "partículas" o cuantos que se llamarían fotones.

Este concepto rompía con la tradición de la física clásica hasta principios del siglo XX que consideraba a la materia como un continuo, incluso minimizando la importancia del desarrollo de las teorías atómicas que estaban siendo elaboradas en esos años.

---

71 Walter Isaacson. Einstein. His life and Universe. Simon & Schuster paperbacks. 2007. Pag 114.

El mismo Max Planck llegó a aconsejar el abandono de las teorías atómicas a favor de la continuidad de la materia.

Otro fenómeno que por esas fechas tenía enfrascados a los físicos era la cuestión de la radiación del cuerpo negro. El fenómeno consiste en que cuando un cuerpo negro se calienta emite unas radiaciones que solo dependen de la temperatura del cuerpo pero no de la naturaleza, color, ni forma del objeto calentado. Así ocurre cuando calentamos por ejemplo un trozo de hierro.

Al principio la luz radiada es de color rojizo; a medida que subimos su temperatura el color cambia a naranja, después a blanco llegando a emitir luz azul a mayor temperatura.

Cuando se hace una gráfica representando la intensidad de la radiación emitida frente a cada una de las longitudes de onda de esa radiación aparece una gráfica como la de la figura 8.1.

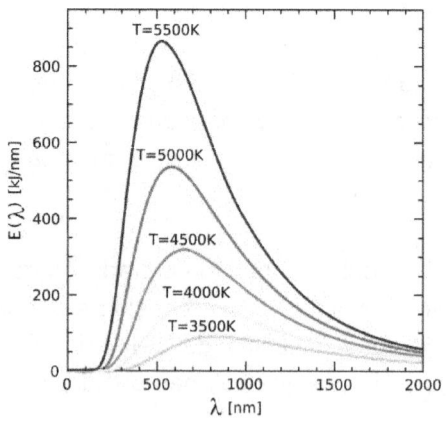

Fig. 8.1 Radiación del cuerpo negro. Wikipedia

Los físicos se esforzaron por calcular una ecuación que pudiera explicar la ley que gobernaba la situación de los picos de cada una de las curvas, pero no fueron capaces de encontrarla. En 1900 Planck desarrolló una formula que era capaz de predecir las longitudes de onda de cada radiación utilizando métodos estadísticos que el padre de la termodinámica, Boltzman, había usado. Pero la ecuación tenía un pequeño "problema". Necesitaba del uso de una constante extremadamente pequeña.

Esta constante tiene un valor de 6.6207×10^{-34} julio·segundo y pronto fue llamada constante de Planck, siendo una de las constantes más importantes de la naturaleza. El significado de la constante de Planck aplicada a la radiación del cuerpo negro es que un cuerpo absorbe y emite energía radiante solo en cantidades discretas que deben ser múltiplos enteros del valor de la constante de Planck, y no de manera continua. Un ejemplo gráfico puede ser una escalera. Podemos subir o bajar la escalera peldaño a peldaño. No hay posiciones de medio peldaño o cualquier otra fracción. Puedes pasar del peldaño 1 al 2 pero no al 2.33 por ejemplo. El valor de cada peldaño es un multiplo entero de la constante de Planck.

Evidentemente la cantidad es extremadamente pequeña y en la vida real no es posible manejarla pero constituye la base para los cálculos de los espectros atómicos y cualquier intercambio energético. La constante de Planck es unidad de potencia ya que es energía dividida por tiempo. La conclusión a la que llegó Planck es que la energía no es continua, sino que su absorción o emisión se realiza en pequeños paquetes a los que se llamó cuantos y a partir de ahí, en términos relativistas mediante la ecuación de Einstein, $E = mc^2$ la masa también está cuantizada.

De esta manera Planck, sin proponérselo, acabaría con el concepto del continuo de materia y energía que había sido el pilar de la física clásica hasta el momento.

Otro asunto importante relacionado con las radiaciones que hubo que aclarar, e Einstein lo hizo y por eso le dieron el Premio Nobel en 1921, era el relacionado con el efecto fotoeléctrico.

A comienzos del siglo XX, Lenard[72] experimentó con rayos de luz longitudes de onda definidas que hacia incidir sobre láminas de metal. Lenard encontró que la incidencia de los rayos de luz monocromática (de una única longitud de onda) hacía emitir electrones desde el metal bombardeado con la dicha luz, y que a medida que la frecuencia y la intensidad de la luz aumentaban, los electrones arrancados al metal lo hacía con más intensidad pero la energía de cada electrón individual permanecía la misma.

O sea que al aumentar la intensidad de la luz emitida sobre la lámina metálica, lo que ocurría es que se arrancaban más electrones pero estos conservaban la misma energía que si la luz incidía con menor intensidad.

Einstein estuvo cuatro años tratando de explicarse el fenómeno y llegó a la conclusión de que las longitudes de onda (y por tanto las frecuencias) de las radiaciones estaban relacionados con los cuantos (los diminutos paquetes de energía) definidos por Planck. En definitiva, el campo de radiación estaba hecho de cuantos. Este razonamiento se podía ampliar a las radiaciones electromagnéticas definidas por las ecuaciones de Maxwell y por tanto a la luz que también es una onda electromagnética. Los cuantos de luz se llaman fotones.

Por tanto podemos decir que un fotón es como un paquete diminuto de energía correspondiente al espectro visible y ausente de masa. Estos cuantos de luz o fotones se pueden mover también en el vacío.

---

72 Philipp Lenard (1862-1947), físico húngaro nacionalizado alemán premio Nobel de física en 1905 por el descubrimiento de los rayos catódicos.

La ley del efecto fotoeléctrico descubierta por Einstein y probada experimentalmente, relaciona de manera muy simple de manera matemática la frecuencia de la luz con la energía emitida por un electrón mediante la siguiente ecuación:

$$E = h \, v \quad [8.1]$$

donde E es la energía emitida por el electrón, *h* es la constante de Planck[73] y *v* la frecuencia de la luz que interactúa en el proceso (no confundir ésta *v*, la letra griega nu que se destina solo a representar la frecuencia con la v latina que representa la velocidad de un móvil).

Esta ecuación es de gran importancia práctica ya que interviene en multitud de procesos en los que hay emisión o absorción de energía mediante radiaciones.

Las relaciones entre la frecuencia, la longitud de onda y el periodo de una onda electromagnética como la luz figuran en la siguiente ecuación:

$$c = \lambda \cdot \nu = \frac{\lambda}{T} \quad [8.2]$$

siendo c la velocidad de la luz, v la frecuencia de la onda electromagnética, λ la longitud de onda y T el periodo. Por ejemplo podemos calcular mediante la ecuación [8.2] la frecuencia de la luz roja cuya longitud de onda es de 685 nm (nm significa nanómetro y equivale a la milmillonésima parte de un metro).

Como la velocidad de la luz es 300.000.000 metros por segundo, la frecuencia de la luz roja será, haciendo las operaciones indicadas, 438 TeraHertzios. (Un TeraHertzio es un billón de Hertzios o ciclos por segundo).

---

73 Es frecuente encontrar la constante de Planck en la forma $\hbar$ que es igual a h/2 π

Las leyes de Maxwell habían predicho la existencia de las ondas electromagnéticas que se propagaban en el vacío a una cierta velocidad contante que coincidía con la de la luz medida por Bradley, Oersted y otros. De esta manera Maxwell establece que la luz es una onda electromagnética ratificando el sentir de los físicos desde el siglo XVII en contraposición con la teoría corpuscular enunciada por Newton.

Además Maxwell demuestra que la velocidad de la luz es independiente del movimiento de la fuente que la emite. Pero aquí surgió una nueva cuestión: las ondas que los físicos (y no físicos) estaban acostumbrados a manejar como el sonido, las ondas de un objeto que cae sobre el agua y otras muchas, se mueven sobre un soporte material. En el caso de la luz había que encontrar un soporte especial porque estaba demostrado que la luz se desplazaba en el vacío.

Este soporte muy especial se le llamó éter. Nadie lo conocía ni podía describirlo, debía ser muy sofisticado porque a la fuerza debía estar presente en vacío pero era indetectable. Esta exigencia surgía de la necesidad de atribuir a las ondas luminosas un soporte igual al del resto de ondas conocidas.

La idea del éter era algo que a los físicos mas críticos les resultaba muy difícil de aceptar. Por ello y para aclarar de una vez su existencia se diseñaron los experimentos de Michelson y Morley que en esencia consistían en medir la velocidad de la luz en diferentes direcciones.

Imaginemos que el éter es como el agua de un río que circula a una cierta velocidad. Es evidente que si nadamos en dirección de la corriente nuestra velocidad, para el mismo esfuerzo realizado, será mayor que si nadamos de una orilla a la otra. En este caso o nadamos con más fuerza o nuestra velocidad será menor.

Michelson y Morley razonaron que si el planeta Tierra se desplazaba en el éter (ese fluido invisible que lo llena todo), se crearía una especie de corriente de éter en la dirección opuesta al movimiento del planeta. Es como si una pelota de tenis se desplaza en el aire. Aunque el aire esté quieto la bola produce con su movimiento una estela detrás de si y un frente donde se comprime el aire delante de ella.

De la misma manera debería hacer la Tierra en su movimiento alrededor del Sol en presencia del misterioso fluido. Entonces las medidas de la velocidad de rayos de luz en dirección del movimiento de la Tierra y en la dirección perpendicular a ésta deberían ser diferentes. Pues resultó que no lo fueron. La coincidencia de velocidad de la luz en ambas direcciones era absoluta.

Las mediciones se repitieron hasta la saciedad cada vez utilizando medios más precisos y el resultado siempre ere el mismo. La velocidad de la luz era invariable. ¿Cuál debería haber sido la conclusión?

El éter no debería existir; pero esa era una conclusión que los físicos a finales del siglo XIX no estaban en condiciones de admitir. En su lugar se elaboraron las más diferentes y a veces peregrinas hipótesis. Al final la hipótesis más plausible fue la que plantearon Lorentz y Fitzgerald que consistía en admitir que los objetos se contraen en función de la velocidad del objeto en el éter.

Pero admitir esta hipótesis implicaba cambiar la correspondencia de coordenadas y de alguna manera que el espacio o el tiempo no eran absolutos.

Esto quedó reflejado en unas ecuaciones llamadas transformaciones de Lorentz[74] en las que se incluía la velocidad de la luz y fue la primera vez que se incluyó dicha velocidad en las ecuaciones de las coordenadas espaciales y temporales de un sistema que se mueve con respecto a otro a velocidad uniforme.

Por otro lado las ecuaciones electromagnéticas de Maxwell respondían mejor a la realidad con las transformaciones de Lorentz que con las coordenadas clásicas de un sistema de coordenadas al estilo de Galileo. Con todo esto la teoría del éter estaba en tela de juicio pero nadie se atrevía a descartarla hasta que llegaron la propuestas de Einstein con su teoría de la relatividad especial.

A continuación se mencionan los planteamientos de Lorentz para sus transformadas. Partiendo de dos sistemas de coordenadas K y K' (véase la figura 8.2) con sus correspondientes coordenadas espaciales y temporales x, y, z, t para el sistema K y las x', y', z', t' para el sistema K' que se desplaza a velocidad uniforme y movimiento paralelo al eje x del sistema K, las transformaciones de Lorentz establece la correlación para el paso de unas coordenadas a otras aplicadas al mismo hecho físico.

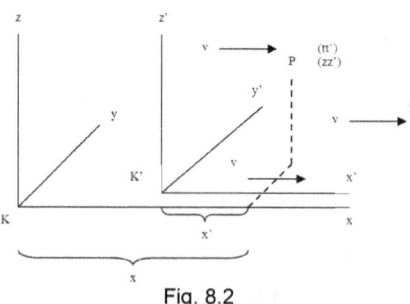

Fig. 8.2

74 Hendrik Antoon Lorentz (1853-1928). Físico y matemático holandés que trabajó en las ramas de la física tales como termodinámica, magnetismo, electricidad y electrodinámica. Premio Nobel en 1902. Contribuyó de manera importante en el desarrollo de la teoría de la relatividad mediante su llamada transformación de Lorentz.

El sistema de coordenadas K' se desplaza respecto al sistema K a una velocidad v en dirección paralela al eje de las x. La transformación de Lorentz relaciona los valores de las coordenadas del suceso que ocurre en el punto P respecto a ambos sistemas de coordenadas en las que se incluye el tiempo.

Se trata de un sistema galileano en el que interviene la velocidad de desplazamiento v de un sistema respecto al otro. Galileo resolvió el problema estableciendo los espacios y tiempos como referencias absolutas.

Lorentz, manejando objetos que se mueven a velocidades cercanas a la luz, establece unas nuevas correlaciones introduciendo como factor de corrección fundamental el cociente de los cuadrados de la velocidad del móvil respecto a la de la luz, o sea:

$$\frac{v^2}{c^2}$$

Evidentemente cuando los objetos se mueven a velocidades "normales", estos es, muy por debajo de la velocidad de la luz, el cociente anterior se hace prácticamente igual a cero y la correspondencia entre las coordenadas de los sistemas K y K' se hacen iguales a las utilizadas por Galileo.

Como curiosidad describimos el valor de la relación de tiempos según la transformación de Lorentz:

$$t' = \frac{t - x\dfrac{v}{c^2}}{\sqrt{1 - \dfrac{v^2}{c^2}}} \quad [8.3]$$

Solo con aplicar a la ecuación 8.3 elementales conocimientos de matemáticas comprobamos que si la velocidad del móvil v es mucho menor que la velocidad de la luz c, t' se hace igual a t; esto quiere decir que el tiempo para un observador situado en el espacio K es igual al tiempo t' del observador situado en K'.

No ocurre lo mismo si la velocidad del móvil se acerca a la de la luz; usando la misma ecuación, el lector podrá comprobar como el tiempo t' para el observador situado en K' es mayor (el suceso que se trate es más lento) que el tiempo t que es el registrado por el observador situado en K.

En los ejemplos que utilizaba Einstein con frecuencia el sistema K sería la vía de un tren y el sistema K' sería el tren que circula por ellas. Haremos uso de este ejemplo en el capítulo siguiente donde se describe la teoría de la relatividad especial.

Cuando Einstein se planteó que los postulados del espacio y el tiempo absolutos de Galileo y Newton no eran de ninguna manera absolutos lo argumentó de la siguiente manera: el intervalo de tiempo entre dos sucesos es dependiente del estado de movimiento del cuerpo de referencia y de la misma manera lo es la separación espacial entre los sucesos. Estos es lo mismo que decir que el espacio y el tiempo no son valores absolutos sino que dependen del movimiento de los observadores.

8.3 PRINCIPIO DE LA RELATIVIDAD ESPECIAL

Ante las controversias y dudas de la física en 1905, Einstein planteó su teoría de la relatividad especial como un desafío a la física del momento.

Einstein admitió la validez de los experimentos de Michelson-Morley y asumió que, primero no existía el éter, y segundo que la medida de los espacios y tiempos no eran absolutas sino que dependían del estado de movimiento del observador que efectúa las medidas. Einstein, para desarrollar su teoría planteo dos postulados.

El primero dice que cualquiera que sea su naturaleza, el espacio y el tiempo deben estar constituidos de tal manera que la velocidad de la luz siempre sea constante con independencia del observador y de la fuente.

El segundo postulado es el que establece que las leyes de la física deben ser idénticas en todos los sistemas de referencia inerciales.

El segundo postulado del principio de la *relatividad especial* es el que asegura que todas las leyes fundamentales de la física, incluidas las ecuaciones de Maxwell de los campos electromagnéticos, tiene la misma validez para todos los observadores que se mueven a velocidad constante relativa entre ellos.

O de una manera más precisa, son las mismas leyes para todos los sistemas inerciales[75] *de referencia; en definitiva las leyes de la física se cumplen siempre, cualquiera que sea el lugar del universo donde se encuentre el observador.* Hemos de hacer notar que en este primer estadio de la teoría de la relatividad, la que llamamos especial, *Einstein se basa en que los observadores se mueven a velocidades relativas* constantes entre ellos. Si las velocidades relativas no fueran uniformes ya no se puede aplicar el término de relatividad especial.

---

75 Un sistema de referencia es inercial si en él se cumplen las leyes de la mecánica de Newton, en particular que la fuerza aplicada a una masa produce una aceleración a esa masa.

El postulado de la relatividad de la velocidad de un sistema frente a otro es válido también para la mecánica clásica de Newton y Galileo. Lo que diferencia a la mecánica clásica de la relativista es el postulado de la constancia de la velocidad de la luz en el vacío a partir del cual y en unión con la relatividad encontramos el concepto nuevo de la simultaneidad. Esto quiere decir que no existe una simultaneidad absoluta entre sucesos como veremos más adelante en el caso del comportamiento de cuerpos y relojes en movimiento.

El mejor ejemplo para visualizar el fenómeno es el ejemplo puesto por Galileo y que explicamos al principio del capítulo. De todas maneras este principio para el caso de velocidad constante de los observadores es fácil de comprender.

Imaginemos una persona sentada en el sillón de su casa y otra sentada en su asiento en un avión viajando a 1000 km por hora de manera uniforme. Las mismas cosas que puede hacer la persona en casa las puede hacer la que está en el avión. Puede echar café de una cafetera a su taza sin que se derrame, botar una pelota en el suelo y cualquier otra cosa que se nos ocurra. Los objetos que mueven se comportan siguiendo idénticas leyes naturales. Otra cosa será el concepto de simultaneidad que dos observadores perciban del mismo hecho físico. Eso será objeto de discusión a continuación.

CONCEPTO DE SIMULTANEIDAD

Cuando hablamos del tiempo todos nuestros juicios se asientan sobre sucesos que consideramos simultáneos. Cuando consideramos un proceso que tiene lugar en un punto dado del espacio A, un reloj situado en A marca la simultaneidad de los sucesos que se producen en A y sus alrededores; si escogemos otro punto distante del espacio, B, el reloj de B evalúa el tiempo en B y sus alrededores.

Hemos definido por tanto el tiempo A y el tiempo B para dos sucesos dados aislados, pero no un tiempo común para los relojes situados en A en B.

Para ello Einstein establece por definición que si del punto A sale un rayo de luz hasta B y vuelve a A, el tiempo requerido por la luz para ir de A a B es igual al tiempo necesario para que el rayo de luz vuelva de B a A. Entonces, los relojes en A y B son síncronos solo si el tiempo de envío del rayo de luz de a B es igual al de retorno. O lo que es lo mismo:

$$t_B - t_A = t'_A - t'_B$$

siendo t_A y t_B los tiempos de ida del rayo de luz y t'_A y t'_B los tiempos de vuelta desde B a A.

Por coherencia, si el reloj en B es síncrono con el reloj en A, el reloj A marcha en sincronía con el reloj en B, y si el reloj en A es síncrono con el de B y también con otro reloj situado en un punto C, entonces los relojes en B y en C serán también síncronos.

Volviendo al ejemplo del rayo de luz que sale de A, llega a B y vuelve a A, Einstein define el cociente entre dos veces la distancia entre A y B, y el tiempo transcurrido en ese trayecto, que es la velocidad de la luz, (espacio recorrido dividido por tiempo) como una constante universal cuando esa velocidad se mide en el vacío.

Cada reloj da una medida correcta de su propio tiempo pero no da una medida exacta de ninguna cantidad física conectada con los sucesos de los cuerpos que se mueven velozmente en relación a ella.

RELATIVIDAD DE LONGITUDES Y TIEMPOS. INTERVALO

a) Si dos sistemas de coordenadas están en movimiento relativo de traslación paralela uniforme, las leyes que establecen los cambios de estado de un sistema físico no dependen de con cual de los dos sistemas están relacionados dichos cambios.

b) Todo rayo luminoso se mueve en el sistema de coordenadas de reposo con una velocidad fija c, independientemente de si este rayo luminoso sea emitido por un cuerpo en reposo o en movimiento. De aquí aparece un nuevo y fundamental concepto que es el *intervalo* definido por Einstein como el cociente entre el recorrido de la luz y su velocidad. Este intervalo es el tiempo transcurrido desde que el rayo de luz salió de A hasta que vuelve a A. El intervalo puede ser espacial o temporal según se explica en los esquemas que siguen.

Los intervalos del tiempo ni las distancias espaciales son hechos independientes del movimiento del cuerpo observado. Existe una subjetividad en las mediciones separadas del espacio y del tiempo, no una subjetividad psicológica sino física ya que afecta también a los instrumentos y no solo a los observadores humanos.

No obstante, hay una relación entre dos sucesos que es la misma para todos los observadores. En la física clásica había dos: la distancia y el lapso de tiempo transcurrido. En su lugar aparece el intervalo definido anteriormente que sustituye a los conceptos de espacio y tiempo dando lugar a lo que Einstein definió como *espacio-tiempo*.

Existen dos tipos de intervalos; el espacial y el temporal. El intervalo es de tipo espacial si una señal luminosa enviada por el cuerpo en que ocurre uno de los sucesos llega al cuerpo en que se produce el otro suceso después de que este ha tenido lugar.

Si por el contrario, la señal luminosa llega antes, el intervalo se llama temporal. El siguiente esquema nos ayudará a entender mejor la diferencia.

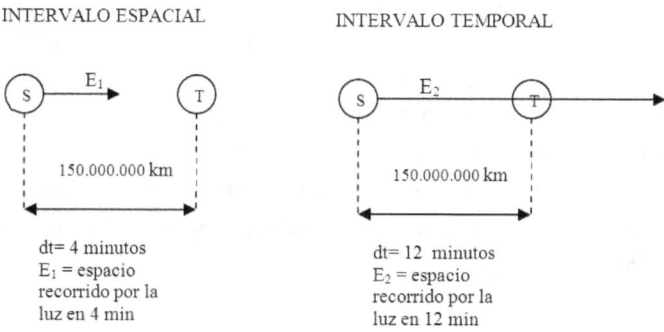

Fig: 8.3 Comparación entre intervalo espacial y temporal

En la figura 8.3 Suponemos que ocurren dos explosiones, una en el Sol, S, y otra en la Tierra, T. En la parte izquierda de la figura el tiempo transcurrido entre los dos sucesos (las explosiones), es de 4 minutos. En ese tiempo la luz ha recorrido la mitad de la distancia que la separa del Sol es decir 75 millones de km. Por tanto cuando la luz alcance la Tierra han pasado 4 minutos desde que ocurrió la explosión en la Tierra resulatndo que el rayo de luz proveniente del Sol llega *después* que ha ocurrido el suceso en la Tierra. Esto es un *intervalo espacial*.

En este caso podemos asegurar que no hay relación causa-efecto entre los dos sucesos. El suceso en la Tierra es independiente del la explosión que ocurrió en el sol ya que nada puede viajar a más velocidad que la luz.

La parte derecha de la figura representa el caso contrario. Aquí las dos explosiones o sucesos ocurren en un lapso de tiempo de 12 minutos.

Como la luz tarda 8 minutos en recorrer los 150 millones de km que separan la Tierra del Sol, la luz alcanza la Tierra *antes* de que se produzca la explosión en ella (y en 14 minutos habrá recorrido 225 millones de km).

En el caso del intervalo temporal, sí podría establecerse una relación causa-efecto ya que la luz ha llegado a la Tierra antes de que se haya producido en suceso en ella. En esta situación decimos que el intervalo es temporal cuando un suceso puede tener un efecto sobre algo y en ese caso decimos que ambos sucesos está en la misma región espacio-temporal. El intervalo tiene dimensión de espacio al cuadrado. Es como la separación espacial de sucesos.

Veamos ahora el caso de medidas de cuerpos en movimiento, por ejemplo un automóvil. Tomemos un automóvil en reposo cuya longitud es *l* medida con una cinta métrica rígida también en reposo. Supongamos que el automóvil se desplaza a una velocidad *v* uniforme paralela a lo largo de una autopista recta en reposo en sentido de izquierda a derecha y queremos medir la longitud del automóvil en movimiento.

Tenemos dos formas de medir: primera, que el observador que va a medir el automóvil se mueva de manera solidaria a la cinta métrica y el automóvil a medir a la misma velocidad y tome la medida como si el automóvil y el observador estuvieran en reposo. De esta manera la longitud del automóvil en el sistema en movimiento debe ser la misma que la longitud *l* en reposo.

La segunda forma de medir puede ser utilizando relojes en reposo y síncronos con el sistema de reposo. El observador determina en qué puntos del sistema de reposo están situados el comienzo y el final del automóvil que va a ser medida en un tiempo *t* dado. La distancia entre estos dos puntos (principio y final del coche), medida con la cinta métrica utilizada antes (pero no en reposo) es una longitud del automóvil que llamaremos *l´*.

Los conocimientos de cinemática clásica determinarían que las dos medidas *l* y *l´* deben ser idénticas pero Einstein demuestra que esto no es cierto sino que depende de la velocidad *v* del automóvil.

En efecto suponga el lector que en los parachoques delantero y traseros instalamos un reloj en cada uno que son síncronos con otros que están en reposo y que además en cada parachoques van instalados dos observadores (uno en cada extremo junto a los relojes). Si desde el parachoques anterior el observador emite un rayo de luz que se refleja en el parachoques posterior y vuelve al anterior, los tiempos empleados por el rayo de luz en los trayectos entre parte anterior y posterior del coche están relacionados con la longitud del coche de la manera siguiente: el tiempo de ida del rayo de luz es igual a la longitud del automóvil dividido por la velocidad de la luz menos la velocidad del coche. Para el tiempo de retorno del rayo se obtiene que es igual a la longitud del coche divida por la suma de la velocidad de la luz mas la del coche. De manera que en ambos casos la longitud del coche viene determinada por su velocidad.

Einstein encontró, aplicando sus principios a) y b) enunciados antes, que los observadores que se mueven conjuntamente con el coche encontrarían que los dos relojes no marchan de forma síncrona, mientras que los observadores del sistema de reposo les dirían que están marchando de forma síncrona.

O lo que es lo mismo que dos sucesos que son simultáneos cuando son observados desde un sistema de coordenadas en concreto, no pueden considerarse simultáneos cuando son observados desde un sistema que esta en movimiento relativo a dicho sistema.

EL ESPACIO DE CUATRO DIMENSIONES

Nuestra mente ha estado acostumbrada a vivir en un espacio de tres dimensiones porque el tiempo siempre se ha considerado como absoluto y por tanto independiente de las coordenadas espaciales.

En la física relativista, como resultado de las consideraciones de simultaneidad de sucesos, el tiempo deja de ser un ente inmutable y se incorpora a las tres coordenadas espaciales originado el espacio cuatridimensional. Un determinado suceso tiene cuatro coordenadas que son las tres del espacio tridimensional más el tiempo.

El matemático alemán Minkowski[76] comprendió que la teoría de la relatividad especial de Einstein se podía entender mejor usando una geometría no euclidiana asentada sobre un espacio de cuatro dimensiones.

El tiempo y el espacio no son independientes sino que están íntimamente ligados demostrando matemáticamente que el espacio de cuatro dimensiones forma un continuo tan sólido como el de tres dimensiones.

La palabra continuo significa en este caso que dado un punto del espacio de coordenadas x, y, z se puede definir cualquier otro punto tan próximo como se quiera definido por un conjunto de coordenadas x', y', z' que se diferencian muy poco de las x, y, z. Esto quiere decir que no existen discontinuidades en el espacio.

---

76 Hermann Minkowski (1864-1909) fue un matemático alemán de origen judío. Sus trabajos más destacados fueron realizados en las áreas de la teoría de números, la física matemática y la teoría de la relatividad.

DEFORMACIONES DE LOS CUERPOS RIGIDOS Y RELOJES EN MOVIMIENTO

La aplicación de los cálculos matemáticos de la teoría de la relatividad especial (que evidentemente no vamos a abordar aquí), establece unos resultados sorprendentes para el movimiento de los cuerpos rígidos y los relojes.

Si una esfera se mueve en un sistema de ejes cartesianos en la dirección horizontal (ver figura 8.4) adopta cuando se mide en movimiento (respecto al sistema en reposo) la forma de un elipsoide.

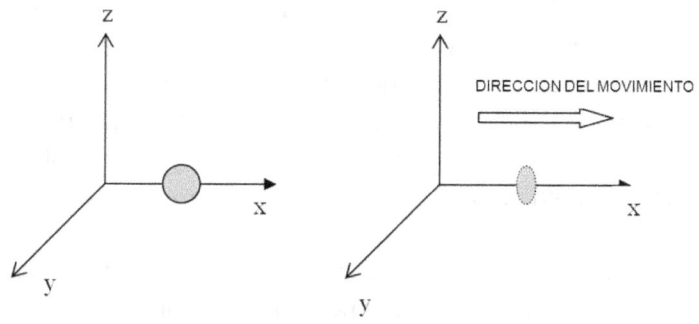

Fig. 8.4 Esfera en movimiento según el eje x

En la figura 8.4 izquierda, la esfera está en reposo. Tanto un observador que esté situado en la esfera como el observador fuera de ella ven una esfera perfecta. Sin embargo si la esfera se mueve en el sentido de la flecha de la figura 8.3 derecha, el observador que viaja con la esfera sigue viendo una esfera, mientras que el observador en reposo ve un elipsoide como el de la línea de puntos. Esto significa que la dimensión según el eje x se ha contraído mientras que según los ejes y y z se mantienen constantes.

El razonamiento sigue siendo válido si en lugar del eje x se toman los ejes y ó z como referencias del movimiento y sea cualquiera la forma del sólido en movimiento. Einstein encontró que el acortamiento de la dimensión en la dirección del movimiento lo es en un factor $\sqrt{1 - v^2/c^2}$ siendo v la velocidad de la esfera y c la velocidad de la luz.

De la fórmula anterior comprobamos que la contracción es mayor a medida que la velocidad del cuerpo es mayor. Si la velocidad del objeto alcanzara la de la luz, el factor de compresión se haría cero y esa dimensión desaparecería para el observador en reposo y la figura se convertiría para él en un plano. Algo similar ocurre con los tiempos. Estos también se contraen en los relojes que se mueven desde el punto de vista del observador en reposo. El factor de retardo es ½ (v/c)². De esta manera si tenemos dos relojes que son totalmente síncronos en dos puntos del espacio A y B, si el reloj del punto A se transporta a una velocidad v hasta el punto B, cuando haya llegado, se habrá retrasado según la relación anterior de manera que si alcanzara la velocidad de la luz el retraso seria de ½ segundo cada segundo respecto al tiempo que marcaba en reposo.

Si por ejemplo situamos dos relojes idénticos que se comportan de la misma manera en reposo, uno en el ecuador de la Tierra y otro en uno de los polos, la teoría de la relatividad especial nos dice que el reloj del ecuador ira mas lento que el reloj del polo ya que la velocidad lineal a la que mueve es mucho mayor que la velocidad a la que se mueve el reloj situado en el polo.

En efecto, la velocidad del reloj situado en el ecuador es del orden de 1667 km/h y la velocidad del situado en el polo es teóricamente cero. Realmente la velocidad a la que se mueve un punto de la superficie de la Tierra en el ecuador es despreciable frente a la de la luz (aproximadamente una millonésima parte) por lo que los efectos en la Tierra son inapreciables.

Los resultados anteriores son fruto del trabajo de Einstein de estudiar y resolver matemáticamente, el comportamiento dinámico de dos o más sistemas de coordenadas que se desplazan con velocidad uniforme unos respecto a otros y del uso de rayos de luz como instrumentos de medida de las dimensiones de los sistemas.

Otra experiencia que soporta la teoría de la relatividad especial es la observación del comportamiento de la interacción de un campo eléctrico y otro magnético. Como vimos en el capítulo del electromagnetismo, cuando un imán se mueve cerca de un conductor eléctrico se origina en este una corriente eléctrica; lo mismo sucede cuando el que se mueve es el conductor eléctrico entre los polos de un imán en reposo. Esto significa que el efecto de creación de una corriente eléctrica viene del movimiento relativo entre el conductor y el imán. Desde Faraday se habían dado diferentes interpretaciones del fenómeno, unas basadas en el movimiento del imán y otras basadas en el movimiento del cable conductor.

Einstein explica el fenómeno centrándolo en su idea del movimiento relativo y descartando la idea de que tanto en la electrodinámica como en la mecánica en general no existen propiedades que se fundamenten en un estado de absoluto reposo de la materia.

CONSTANCIA DE LA VELOCIDAD DE LA LUZ

Las innovadoras investigaciones teóricas de Lorentz sobre los procesos electrodinámicos y ópticos en los cuerpos en movimiento demostraron que las experiencias en estos campos conducen imperiosamente a una teoría de los procesos electromagnéticos que tienen como consecuencia irrefutable la ley de la constancia de la velocidad de la luz.

Esto constituye el segundo gran postulado básico de la relatividad especial que asegura que la velocidad de la luz es constante independientemente de la velocidad del objeto emisor. Así, la velocidad de la luz de 300.000 km/seg en el vacío, es ese valor tanto si la emite una estrella lejana que se está separando de nosotros a enorme velocidad o si el rayo de luz proviene de una farola situada en una de nuestras calles.

Esta proposición de la constancia de la velocidad de la luz ha convertido a la velocidad de la luz, c, en una constante universal y además es la velocidad más alta que cualquier objeto o partícula puede alcanzar en el universo. Todos los datos experimentales así lo demuestran a pesar de que los recientes experimentos Opera realizados con neutrinos en el laboratorio del CERN[77] de Ginebra aseguraron que estos viajaban a una velocidad infinitesimalmente mayor que la luz. Después se comprobaría que todo había sido un error de los instrumentos de medición[78]. Los neutrinos no eran más veloces que la luz. (Más información sobre el neutrino se puede encontrar en el capítulo VII "El Átomo" tabla 7.4).

La constancia de la velocidad de la luz venía a asumir de manera completa la desaparición de la teoría del éter que había supuesto el soporte de todos los movimientos ondulatorios en el espacio durante siglos.

Por otro lado la constancia de la velocidad de la luz era más consistente con la teoría ondulatoria en general.

En este momento conviene aclarar lo relacionado con el movimiento de la fuente de las ondas en general, incluidas las ondas sonoras y las electromagnéticas.

---

77 CERN son las siglas de la Organización Europea para la Investigación Nuclear.
78 Noticia publicada en El Mundo digital el 8 de Junio de 2012. www. elmundo.es.

Hablamos del efecto Doppler[79]. Este consiste en el cambio aparente de frecuencia de una onda cuyo foco emisor se desplaza con una velocidad determinada hacia el observador.

El ejemplo que siempre se pone es del una sirena de una ambulancia. Cuando el vehiculo se desplaza a gran velocidad hacia nosotros como observadores en reposo, el sonido de la sirena se hace más agudo porque las ondas se comprimen aumentando su frecuencia aunque la velocidad de desplazamiento del sonido es constante. Cuando la ambulancia se aleja de nosotros, el sonido se hace más grave porque la frecuencia de las ondas sonoras que nos alcanzan es menor.

Esto mismo ocurre con la luz. La luz que nos llega de una estrella que se acerca a nosotros a gran velocidad incrementa su frecuencia percibiendo los colores mas azules de su espectro. Por el contario si la estrella se aleja la frecuencia de la luz percibida es menor y el espectro se desplaza hacia el color de mayor longitud de onda (o menor frecuencia) que es el rojo. Pero debemos insistir que la velocidad de la onda es la misma y su frecuencia de emisión también.

Lo que cambia es la percepción del observador. Este efecto estudiado por los astrónomos Lemaitre y Hubble al final de los años 20 del siglo XX sirvió para determinar la expansión del universo y como consecuencia, plantear el Big Bang como teoría plausible del origen del universo. Estos temas lo analizaremos en posteriores capítulos.

Volviendo al postulado de la constancia de la velocidad de la luz enunciado por Einstein, parecería en primera instancia que entraba en contradicción con su primer postulado de la relatividad.

---

79 Christian Andreas Doppler (1803-1853), físico y matemático austriaco famoso por la ley que lleva su nombre que relaciona la frecuencia de la onda emitida por un móvil y la velocidad de desplazamiento del móvil.

Tras arduos trabajos y cavilaciones Einstein llegó a la conclusión de que la simultaneidad de un suceso para diferentes observadores no era un concepto que se podía definir por un tiempo absoluto e independiente del espacio, como lo había sido durante siglos.

El tiempo dejaba de ser una constante y se transformaba en una dimensión más del espacio-tiempo establecido por Einstein. El factor clave a tener en consideración es que dos sucesos que pueden aparecer simultáneos para un observador en reposo, pueden no serlo para otro que se mueve con rapidez.

Einstein usó de nuevo un experimento mental para ilustrar su conclusión en el que incluía trenes en movimiento. Supongamos que disparamos dos rayos de luz en dos puntos diferentes 1 y 2 separados por una gran distancia sobre las vías de ferrocarril. Supongamos que los rayos se han disparado de forma simultánea. Esto se puede comprobar si un observador situado al lado de las vías exactamente en el punto medio entre 1 y 2 ve llegar la luz de los dos rayos al mismo tiempo.

Veamos ahora qué le pasa a un observador que viaja en un tren por esas mismas vías, situado en el punto medio de la longitud del tren cuando pasa exactamente frente al observador situado junto a la vía. Si el tren estuviera parado, cuando la posición del observador de las vías y la del observador que viaja en el tren coinciden los dos, verán destellar los rayos al mismo tiempo y el suceso de destello será simultáneo para ambos.

Pero si el tren viaja a gran velocidad hacia el punto 2 el observador del tren se está acercando con rapidez al punto 2 mientras los rayos de luz son disparados, en consecuencia él estará algo más cerca del punto 2 que del punto 1 y por tanto recibirá antes la luz del punto 2 que la del punto 1 ya que la distancia es menor por la velocidad a la que se mueve.

Por tanto los sucesos de disparo de luz no son simultáneos para los dos observadores, uno en reposo y otro en movimiento y sí lo son, si los dos están en reposo. Según el principio de relatividad no hay forma de decir que el observador 1 está en reposo y el otro en movimiento. Solo se puede decir que están en movimiento relativo uno frente al otro.

No hay por tanto modo de saber que dos sucesos son o no realmente simultáneos. La conclusión es que el tiempo no es absoluto, en su lugar, cada sistema de referencia tiene su propio tiempo relativo. Al haber descartado Einstein la idea de un estado en reposo absoluto para la materia, se deduce la imposibilidad de la existencia de una absoluta simultaneidad entre sucesos.

Su razonamiento es que dos sucesos distintos que pueden parecer simultáneos vistos desde un determinado sistema de coordenadas no se pueden considerar simultáneos cuando se observan desde otro sistema de coordenadas que se mueve a velocidad uniforme frente al primero. La conclusión es que si no existe simultaneidad absoluta, el concepto de tiempo deja de ser real. Existirán tiempos diferentes para cada observador en movimiento relativo, en lugar de un tiempo absoluto para los observadores.

Si el tiempo es relativo tambien lo será el espacio. Esto destruyó las hipótesis de Newton que aseguraba que tanto el espacio como el tiempo eran inmutables y absolutos y soportados por la omnipresencia y omnipotencia de Dios. Un ejemplo nos ayudará a mejorar la concepción del fenómeno. Imaginemos un tren que viaja a gran velocidad que lleva instalado un "reloj" que consiste en dos espejos situados perpendicularmente uno en el techo del tren y el otro en el techo y un rayo de luz que se refleja entre ellos. Para el observador que viaja con el tren la luz se desplaza exactamente perpendicularmente entre los espejos.

Un observador situado en reposo fuera del tren podría observar que el rayo de luz no cae perpendicularmente porque en su trayectoria el suelo del tren se ha desplazado una pequeña distancia hacia adelante, debido a su alta velocidad, con lo que el rayo reflejado desde el techo debe recorrer una distancia adicional para llegar al espejo del suelo. Como la velocidad de la luz es constante, los tiempos para el observador dentro del tren y para el observador en tierra deben ser distintos, ya que la distancia entre los espejos es la misma. El observador en tierra "siente" que el tiempo es mas lento dentro del tren que circula a gran velocidad, que el observador que se desplaza con el tren.

El lector observará que en los ejemplos de la relatividad citamos siempre al tren como vehiculo en el que se desplazan los observadores. Estamos usando los ejemplos que ponía Einstein para explicar los fenómenos ya que en el momento que escribió sus teorías, a comienzos del siglo XX, los trenes eran los vehículos mas veloces sobre la tierra. Hoy usaríamos naves espaciales como referencias.

Permítaseme utilizar la geometría elemental para ilustrar mejor el ejemplo:

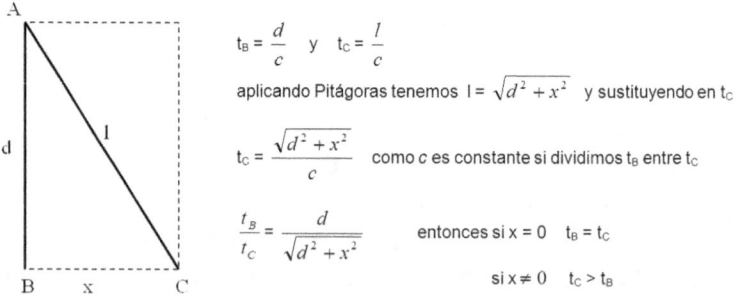

$t_B = \dfrac{d}{c}$ y $t_C = \dfrac{l}{c}$

aplicando Pitágoras tenemos $l = \sqrt{d^2 + x^2}$ y sustituyendo en t_C

$t_C = \dfrac{\sqrt{d^2 + x^2}}{c}$ como c es constante si dividimos t_B entre t_C

$\dfrac{t_B}{t_C} = \dfrac{d}{\sqrt{d^2 + x^2}}$ entonces si $x = 0$ $t_B = t_C$

si $x \neq 0$ $t_C > t_B$

Sea A el punto del espejo del techo y t_A el tiempo en el que el rayo de luz sale de A. Sea B el punto del espejo del suelo adonde llega la luz cuando el tren esta en reposo.

C es el punto en el que el rayo de luz incide en el espejo inferior cuando el tren avanza a gran velocidad habiendo recorrido una distancia x y t_c el tiempo en el que llega el rayo de luz a C. d es la distancia que recorre la luz si el tren estuviera a en reposo cuando el rayo sale de A y l es la distancia en diagonal que recorre el rayo de luz hasta alcanzar el punto C. Para el observador que viaja en el tren el trayecto del rayo de luz es el tramo AB mientras que para el observador en tierra es el tramo AC. Aplicando la geometría y el teorema de Pitágoras obtenemos las siguientes relaciones siendo *c* la velocidad de la luz:

A medida que x es mayor (o sea cuando la velocidad del tren es mayor) el cociente es menor lo que indica que t_c es mayor que t_B. Esto equivale a decir que para el observador en tierra el tiempo es mas lento dentro del tren que circula a gran velocidad, que para el observador que viaja con el tren. Este fenómeno se llama dilatación del tiempo. Si de dos hermanos gemelos uno permanece en tierra y el otro viaja en una nave espacial a gran distancia y velocidad próxima a la de la luz, el que ha viajado retorna a la tierra más joven desde el punto de vista del que se quedó en tierra, porque el tiempo ha pasado según él mas despacio en la nave espacial.

El fenómeno de la dilatación del tiempo se ha comprobado experimentalmente, pero en nuestra vida normal no tiene un impacto real debido a las bajas velocidades relativas de diferentes observadores de los procesos cotidianos. Volviendo al ejemplo del tren de los espejos, si la velocidad del tren se aproximara a la de la luz parecería que el tiempo dentro del tren se habría prácticamente parado.

Otro aspecto de la teoría de la relatividad es que cuando un objeto viaja próximo a la velocidad de la luz su masa aparente aumenta.

La teoría de la relatividad al descartar de la existencia de un éter (en realidad ésta había sido descartada por los experimentos de Michelson y Morley) sobre el que se movían las ondas electromagnéticas y por tanto representar el espacio absoluto como referencia, asumió que no existen estados de movimiento físicos privilegiados y extrajo las consecuencias que se derivaban de este fenómeno.

El planteamiento de Einstein fue que los conceptos tales como simultaneidad absoluta y velocidad absoluta deben ser descartados por no corresponderse con la experiencia cotidiana. La creencia popular de que la relatividad postula que "todo es relativo", es totalmente errónea. Al contrario la teoría de la relatividad intenta excluir lo relativo y llegar a una formulación de las leyes físicas que no dependan en ningún sentido de las circunstancias del observador.

Esto debe ser subrayado de manera especial, las medidas de tiempo incluyendo duración y simultaneidad *pueden ser relativas dependiendo del movimiento del observador*. Efectivamente hemos comprobado en los ejemplos que a medida que las velocidades relativas de los observadores se igualan y se acercan al reposo los resultados son menos relativos y más simultáneos. Lo mismo ocurre con medidas de distancias y longitudes.

Así si se toma la figura geométrica de un cubo y se mueve a gran velocidad, se hace mas pequeño en la dirección de su movimiento desde el punto de vista de un observador que no se mueve con el, si bien desde el punto de vista del observador que se moviese con el, el cubo no varia en su forma.

Cuando unimos la relatividad de las medidas de espacio y tiempo aparece el concepto fundamental en relatividad que es el ESPACIO-TIEMPO, que permanece invariante en cualquier sistema inercial de coordenadas.

De la misma manera, la velocidad de la luz es también invariante. El tratamiento matemático de este desarrollo hace necesario el establecimiento de un espacio de cuatro dimensiones, las tres clásicas de longitud, anchura y altura y el tiempo que sería la cuarta dimensión.

El descubrimiento de esta teoría ya había sido intuido por Lorentz y Poincaré, pero ninguno se había atrevido a dar el salto de abandonar la base del éter como fundamento del reposo absoluto. Fue Einstein el que el que lo hizo dando paso a su teoría de la relatividad. Esto fue posible porque Einstein se atrevió a cuestionar los principios de la mecánica newtoniana, a la que sus competidores siguieron amarrados.

La otra gran aportación de Einstein, consecuencia de su teoría de la relatividad fue la equivalencia entre masa y energía que enunció son su famosa ecuación:

$$E = mc^2$$

Esta ecuación surge de la combinación de las ecuaciones electromagnéticas de Maxwell con la relatividad. Einstein estableció que esta combinación requería que la masa fuera una medida de la energía contenida en un cuerpo y que por tanto la luz, al llevar asociada una energía, también transportaba masa.

Mediante el estudio matemático de las relaciones entre dos pulsos de luz emitidas por un cuerpo en reposo, observadas desde un sistema coordenado de referencia estableció que la masa y la energía eran diferentes manifestaciones de una misma cosa.

Recordemos que según la teoría electromagnética, la electricidad y el magnetismo eran dos caras de la misma cosa que eran el movimiento de los electrones.

Los conceptos de la relatividad especial se pueden resumir de la manera siguiente: la experiencia ha llevado a la convicción de que, por un lado, el principio de la relatividad es válido y por otro, que la velocidad de propagación de la luz en el vacío es igual a una constante c. De la unión de estos dos postulados resultó la ley de la transformación para las coordenadas rectangulares x, y, z y el tiempo t de los sucesos que componen los fenómenos naturales. La consecuencia de lo anterior es que toda ley general de la naturaleza tiene que ser de tal modo que se transforme en otra ley de idéntica estructura al introducir en lugar de las variables espacio-temporales x, y, z, t del sistema de coordenadas original K, nuevas variables espacio-temporales x', y', z', t' de otro sistema de coordenadas K' donde la relación matemática de ambos grupos de coordenadas viene dada por la transformación de Lorentz.

El origen de la relatividad especial nació de la Electrodinámica y de la Óptica. La mecánica clásica precisaba de una modificación antes de poder estar en armonía con el requisito de la teoría de la relatividad especial. Pero esta modificación afecta únicamente, en esencia, a las leyes para movimientos rápidos en los que la velocidad de la materia no sea demasiado pequeña frente a la de la luz. Movimientos tan rápidos sólo nos los muestra la experiencia en electrones e iones; en otros movimientos las discrepancias respecto a las leyes de la mecánica clásica son demasiado pequeñas para ser detectadas en la práctica.

8.4 TEORÍA DE LA RELATIVIDAD GENERAL

La teoría general de la relatividad fue aceptada y reconocida por los más eminentes científicos de la época como Paul Dirac[80] y Max Born[81].

80 Paul Dirac (1908-1984) fue un físico británico que contribuyó decisivamente en el desarrollo de la mecánica cuántica y predijo la existencia de la antimateria. Fue Premio Nóbel de física en 1933.
81 Max Born (1882-1970) físico alemán especializado en física cuántica. Premio Nóbel en 1954.

Dirac dijo de ella que era "probablemente el mayor descubrimiento científico jamás realizado". Por su parte Max Born la llamó "el mayor logro del pensamiento humano sobre la naturaleza, la mas asombrosa combinación de penetración filosófica, intuición física y habilidad matemática".

Pocos años después de enunciar su teoría especial Einstein empezó a diseñar lo que seria su teoría general de la relatividad. Esto ocurrió en 1907 después de darse cuenta de dos importantes limitaciones de su teoría especial. La primera era que la teoría especial se podía aplicar solo a movimiento con velocidad uniforme y constante (por ejemplo no se puede aplicar al caso movimiento circular); la segunda es que obviaba la teoría gravitatoria de Newton.

Un día sentado en su oficina de Berna[82] le vino a la mente un repentino pensamiento: *si una persona cae libremente no sentirá su propio peso.* Mas tarde modificaría su ejemplo imaginando un hombre cayendo libremente dentro de la cabina de un ascensor. En esa cabina, mientras dure la caída, el hombre se sentirá como si no tuviera peso. Cualquier objeto que se saliera de su bolsillo flotaría alrededor de él porque Galileo ya demostró que la velocidad de caída libre es igual para cualquier objeto dejando de lado los efectos del rozamiento.

Como en este caso el aire está inmóvil en la cabina, este efecto no ha lugar. En un siguiente paso Einstein se imagina la cabina del ascensor flotando libremente en el espacio. La percepción del hombre seria la misma: para él, como observador en el punto donde se encuentra, la gravitación no existe. Imaginemos el efecto contrario; supongamos ahora que la cabina del ascensor asciende a gran velocidad arrastrada por una polea situada en la parte superior mediante un movimiento uniformemente acelerado.

---

82 Walter Isaacson. Einstein. His life and Universe. Simon @ Schuster paperbacks. 2007. Pag 145.

Durante el movimiento de ascensión el hombre se sentirá presionado sobre el suelo como si estuviera de pie en su casa y si algún objeto cae de su bolsillo, caerá al suelo del ascensor siguiendo el principio de Galileo. El hombre en este caso sentirá que él y el ascensor se encuentran bajo la acción de un campo gravitatorio. Pero por otro lado, observa que la cabina no cae como lo hacen los objetos que puedan salir de su bolsillo. Su conclusión será entonces que la cabina del ascensor esta suspendida en reposo dentro de un campo gravitatorio. Pero esta conclusión no es real; la cabina se mueve hacia arriba. El hombre dentro de ella no está en un error. Lo que pasa es que percibe las cosa de distinta manera a como lo haría un observador en reposo fuera de la cabina. Aquí de nuevo aparece la relatividad indicando que puede haber distintas percepciones de un mismo hecho y que ellas dependen de la situación de los observadores.

Estos experimentos mentales fueron la base para lanzar la nueva teoría de la relatividad general. Su principio estriba en la inclusión de la gravedad y por tanto la masa dentro del edificio de la teoría especial. Una cosa inquietaba científicamente a Einstein y era las diferentes definiciones de la masa que desde Newton estaban vigentes sin que nadie se hubiera planteado encontrar la razón de esta ambigüedad. O sea, dos teorías aparentemente no relacionadas para definir un mismo fenómeno observable. Tampoco podía entender la opción contraria, es decir, disponer de una teoría que hacía distinciones que no podían se observadas en la naturaleza.

Como dijimos, a principios del siglo XX había dos maneras de definir la masa; una era la *masa gravitacional* que determina su peso como la atracción que sufre por la Tierra estando situado en su superficie o la atracción entre dos masas próximas.

La otra definición es la *masa inercial* que se interpreta como aquello que sufre una aceleración cuando se aplica una determinada fuerza (segunda ley de Newton).

Ambas masas eran iguales tanto para Newton como para Einstein a pesar de sus diferentes definiciones.

Dado que no se puede averiguar por experimentos si un sistema físico de coordenadas es acelerado o si los efectos observados se deben a un campo gravitacional Einstein deduce que los efectos locales de aceleración o gravedad son equivalentes. Esto le permitió desbloquear las restricciones que se aplicaban en la teoría especial que como sabemos exigían un movimiento uniforme rectilíneo y concluir que los efectos atribuidos a la gravedad y los atribuidos a la aceleración son ambos producidos por una solo y única estructura. A este principio Einstein lo llamó principio de equivalencia.

Al igual que en relatividad especial, la general también afecta al tiempo. Así por ejemplo, los relojes se retrasan en un campo gravitatorio intenso de la misma manera que cuando se movían a velocidades comparables a la de la luz. La relatividad general previó el efecto de los campos gravitatorios intensos sobre la luz. La teoría decía que un rayo de luz debería ser atraído por la masa del Sol cuando pasaba en sus proximidades. Esto fue comprobado años después de enunciarse el principio de la relatividad general analizando el comportamiento de la luz proveniente de una estrella cuando pasaba cerca del Sol durante en un eclipse. Este experimento fue corroborado precisamente durante la Primera Guerra Mundial por científicos de las potencias que luchaban contra Alemania.

También la teoría predecía que la longitud de onda de la luz emitida por astros de gran masa, como el Sol, aumentaría originando lo que se llama un corrimiento de la luz hacia el rojo. Debemos recordar de la teoría electromagnética como la luz visible esta formada por diferentes colores y que precisamente la luz roja es el color de mayor longitud de onda dentro del espectro visible.

También debemos saber que la longitud de onda es inversamente proporcional a la frecuencia y a la energía transportada por la luz. Así la luz roja es la de menor frecuencia y menor energía de las del espectro visible. La de mayor energía y por tanto menor longitud de onda es la luz violeta. Estamos hablando siempre del espectro visible de la luz del Sol.

En los párrafos precedentes hemos destacado algunas discrepancias entre Einstein y Newton. Otro motivo de discrepancia con Newton proviene de la consideración por parte de Einstein de la constancia de la velocidad de la luz y el postulado de que la velocidad de la luz es la máxima velocidad que algo puede alcanzar en nuestro universo. Dado este supuesto, no es posible que la fuerza de la gravedad actúe de manera instantánea como proponía Newton. Imaginemos por un momento que el Sol desaparece. En ese instante la atracción gravitatoria del Sol sobre la Tierra desaparecería y la Tierra en ese mismo instante saldría disparada fuera del sistema solar.

Einstein dice que eso debe tardar al menos ocho minutos que es el tiempo que tarda la luz en cubrir la distancia que la separa del Sol. O sea, la Tierra tardará ocho minutos en "enterarse" de que el Sol ha desaparecido. En ese intervalo de tiempo, entre cero y ocho minutos la Tierra seguiría girando tranquilamente en su órbita.

¿Quién tiene razón? No hace falta decir que es Einstein el que acierta. La relatividad general creó un mundo diferente al hasta ese momento, conocido. No existe la atracción gravitatoria entre el Sol y los planetas, es la deformación del espacio-tiempo originada por la masa del Sol la que mantiene a los planetas en sus órbitas. En seguida explicaremos lo que significa la deformación del espacio-tiempo.

Las consecuencias del principio de equivalencia postulado por Einstein son muy importantes.

Einstein pensaba que así como la masa inercial es equivalente a la masa gravitacional, también deberían ser equivalentes todos los efectos debido a la inercia, tales como la resistencia a la aceleración y los efectos gravitacionales, como el peso. Por tanto los efectos inerciales y gravitacionales deben ser equivalentes. Como consecuencia de esta equivalencia, Einstein razonó que la gravedad debería combar un rayo de luz.

Volviendo al ejemplo del ascensor acelerado hacia arriba, supongamos que un rayo de luz láser entra por un pequeño orificio en la pared y se proyecta sobre la pared opuesta. Como el ascensor se ha elevado un espacio determinado mientras que el láser llega hasta la pared opuesta, alcanzará esta en un punto ligeramente más abajo del perpendicular al orificio.

Si pudiéramos graficar la trayectoria de la luz dentro del ascensor veríamos que seria una curva en lugar de recta como cabria esperar si el ascensor estuviera en reposo. Así la luz, bajo el efecto de un campo gravitacional parece que se comba.

Este es el mismo efecto de curvatura de los rayos de luz bajo el efecto de un gran campo gravitatorio como el Sol. Einstein dedujo el fenómeno teóricamente e insistió en que se podría demostrar durante un eclipse de Sol como fue comprobado años mas tarde.

El hecho de que la luz se curve en presencia de fuerzas gravitatorias tiene consecuencias muy importantes para la concepción del espacio. Es un hecho cotidiano que la luz se desplaza en línea recta. Por ello usamos los rayos láser par hacer determinaciones precisas de distancias. Entonces, ¿porque se curva la luz en la presencia de campos gravitatorios variables?

¿Entonces no es la línea recta el camino más corto entre dos puntos?

Sí lo es en la geometría euclidiana basada en planos y líneas rectas, pero no en las superficies curvas. Imaginemos el globo terráqueo; la distancia mas corta entre dos puntos de la superficie de la Tierra no es la línea recta sino lo que se llama una geodésica, o sea un trozo de círculo máximo que une dos puntos de la superficie terrestre. Evidentemente la geodésica es una línea curva. Estos espacios curvos necesitan una geometría no euclidiana para su estudio.

La relatividad general nos dice que la gravedad surge de la curvatura del espacio-tiempo. Esto equivale a decir que la fuerza de la gravedad no es una fuerza como tal si no que se genera cuando el espacio-tiempo se curva debido a la presencia de una masa importante.

La expresión matemática de las leyes de campo de la gravitación fue determinada por Einstein en 1915. Esta ecuación es una condensación de un conjunto de ecuaciones que incluyen unos entes matemáticos llamados tensores[83]. Esta ecuación realmente es mucho más importante que su famosa $E = mc^2$, pero resulta más complicada y menos compacta por lo que no ha podido ser tan popular para el gran público. Para los curiosos la ecuación de campo gravitacional toma la forma:

$$R_{\mu\nu} - \frac{1}{2} g_{\mu\nu} R = 8\pi T_{\mu\nu}$$

El término izquierdo de la ecuación, que también puede ser escrito a la forma más general $G\mu\nu$ reúne toda la información sobre cómo la geometría del espacio-tiempo se curva por los objetos.

---

83 Un tensor, en matemáticas y física, es una entidad algebraica de varios componentes que engloba los conceptos de escalar, vector y matriz y su principal ventaja es que es independiente de cualquier sistema de coordenadas. Su concepto esta asociado a deformaciones de partes especificadas del espacio. El lector que desee ampliar información relativa a tensores debe recurrir a algún manual de álgebra avanzado.

El término de la derecha describe el movimiento de la materia en un campo gravitatorio. La interrelación entre ambos miembros de la ecuación muestra cómo los objetos curvan el espacio-tiempo y como, a su vez, esta curvatura afecta el movimiento de los objetos.

El razonamiento se podría condensar en la frase del físico John Wheeler[84]: "La materia le dice al espacio-tiempo cómo curvarse, y el espacio curvado le dice a la materia cómo debe moverse". La ecuación de campo de Einstein incorpora todas las formas de movimiento, bien sean inerciales, acelerados, rotacionales o arbitrarios.

De esta manera la teoría general de la relatividad se convirtió en una nueva forma de mirar el conjunto de la realidad.

Con su teoría especial de la relatividad Einstein nos mostró que el espacio y el tiempo no son realidades absolutas e independientes unas de otras sino que forman parte del tejido de lo que llamó espacio-tiempo. Ahora con su versión general de la relatividad, el tejido del espacio-tiempo se transforma y deja de ser un mero contendor de objetos y sucesos.

En su lugar, la relatividad general tiene su propia dinámica y a su vez ayuda a determinar el movimiento de los objetos dentro de él. La situación se puede comparar a como una colchoneta de un gimnasio se curva y ondula si rodamos sobre ella una bola de bolera y algunas bolas de billar. A su vez la curvatura y ondulación de la lona determinarán el recorrido de las bolas moviéndose, originando que las bolas de billar se muevan hacia la bola de bolera.

---

84 John Wheeler (1911-2008) fue un físico estadounidense experto en fisión nuclear. Participó en el proyecto Manhattan.

La curvatura y ondulación del espacio-tiempo explican la gravedad, su equivalencia con la aceleración y la relatividad de todas las formas de movimiento.La relatividad general es nuestra mejor teoría moderna de la gravitación. El dogma central de la teoría es que la presencia de materia curva el entramado del Universo

8.5 ASPECTOS COSMOLÓGICOS DE LA RELATIVIDAD GENERAL

La cosmología es el estudio del universo como un todo, incluyendo su tamaño y forma, su historia y su destino, desde un extremo a otro y desde el principio al fin. Siempre ha sido una cuestión fundamental para el hombre pero al mismo tiempo muy difícil de definir.

Prácticamente todas las civilizaciones y religiones han tratado de dar una respuesta a esta cuestión con los más variados resultados y ninguno acertado a la luz de la ciencia, o sea mediante métodos teóricos y empíricos. La relatividad general fue el primer paso serio para estudiar los fundamentos del universo y bastantes de sus conclusiones forman parte fundamental de nuestro conocimiento actual del universo.

El primer físico en aplicar la relatividad general fue Karl Schwarzschild[85] en 1916. Schwarzschild encontró que si toda la masa de una estrella (o cualquier objeto) se concentraba en un espacio muy pequeño, definido por lo que se conoce como el radio de Schwarzschild, todos los cálculos realizados con las ecuaciones de la relatividad general parecía que fracasaban.

---

85 Karl Schwarzschild (1873-1916). Físico alemán que fue el primero que abordó la solución de las ecuaciones de la relatividad general de Einstein con la que predijo la existencia de los agujeros negros.

Las ecuaciones conducían a que en el centro de la estrella el espacio-tiempo se enrollaba de manera infinita sobre sí mismo. Los cálculos para el Sol, indicaban que toda la masa se concentraba en un radio de 3 km. En el caso de la Tierra el resultado concentraba su masa en un radio de 85 mm. El resultado de estos cálculos es que dentro del radio de Schwarzschild nada podría escapar de la atracción gravitacional incluida la luz o cualquier otra radiación. De la misma manera el tiempo se dilataba hasta desaparecer. El tiempo dejaba de existir, era igual a cero.

El mismo Einstein no llegó a admitir esas conclusiones pero años después otros físicos, entre ellos Oppenheimer, interpretaron esos resultados prediciendo que las estrellas podrían sufrir un colapso debido a la gravitación. Después de la muerte de Einstein, se admitió sin reservas por los científicos que las estrellas podían colapsar y originar los fenómenos que hoy conocemos que acompañan a los agujeros negros. De hecho se han observado agujeros negros en diversas partes del universo. Uno de ellos se encuentra en el centro de nuestra galaxia. Los agujeros negros se han convertido en una de las pruebas más poderosas de la teoría de la relatividad general. Una moderna interpretación de la influencia de los agujeros negros sobre la posibilidad de vida en planetas de estrellas próximas a ellos es la aportada por Caleb Scharf, publicada en Investigación y ciencia de octubre 2012.

En discusiones con los astrónomos de su tiempo, Einstein planteó otro concepto que resultó muy duro de aceptar por lo novedoso y extraño: el universo es finito pero sin bordes. Las masas del universo hacen curvar el espacio-tiempo sobre si mismo. El sistema es cerrado y finito pero sin bordes inicial y final.

El universo se puede considerar como una gran esfera. Es finita pero no podemos decir cuales son sus bordes, no los hay.

Si nos movemos por la superficie de la esfera, lo podemos hacer en cualquier dirección pero en ninguna encontraremos un borde que suponga un límite a nuestro movimiento. Es más, esta misma experiencia resulta invariable en el caso de un universo en expansión.

Una de las consecuencias de las ecuaciones de la relatividad general es que el universo no puede ser estático. O bien está en expansión o por el contrario se contrae debido a las fuerzas gravitacionales. Esto significó un serio contratiempo para la aplicación de su teoría al comportamiento del universo real. Para corregir esta desviación Einstein introdujo una fuerza "repulsiva" para contrarrestar los efectos de la atracción gravitatoria entre la materia del universo. Para ello introdujo, muy a su pesar, un factor que llamó lambda, λ. Llamó a este factor la constante cosmológica.

Años después cuando se descubrió que el universo se está expandiendo, llamó a su constante cosmológica "su gran error" porqué pensó que no era necesaria para explicar el cosmos. Sin embargo al detectarse que la expansión del universo no es lineal sino que las la aceleración de la expansión de las galaxias es mayor a medida que más se alejan de nosotros, cuanto más lejos están mas velozmente se alejan, el concepto de la constante cosmológica se ha convertido un factor necesario para entender dicha expansión.

Hoy se admite que de alguna manera la energía oscura, que parece que llena todo el universo y origina su expansión, se comporta como si fuera una manifestación de la constante cosmológica.

CAPÍTULO IX

INTRODUCCIÓN A LA MECÁNICA CUÁNTICA

Hay una diferencia mayor entre un ser humano que sabe mecánica cuántica y otro que no, que entre un ser humano que no sabe mecánica cuántica y los otros grandes simios. Gel-Mann

9.1 ANTECEDENTES DE LA MECÁNICA CUÁNTICA

Indudablemente la cita de Gell-Mann es pretenciosa, soberbia y carente de fundamento aparte de significar un cierto desprecio a sus congéneres que simplemente no han querido o no han tenido la oportunidad de estudiar física teórica pero de lo que no cabe duda es que la física cuántica está metida en nuestras vidas cotidianas aunque no seamos conscientes de ello. Por otro lado, después de la relatividad de Einstein ha sido el descubrimiento más importante de la física del siglo XX.

Existe otra cita de Rolf Tarrach[86] en la que subraya que más del 25% del producto mundial bruto depende de nuestra comprensión de la mecánica cuántica; esta está presente en los transistores, láseres, resonancia magnética, y un largo etcétera, siendo la más popular la utilización del láser en múltiples aplicaciones desde el CD o DVD a la caja de un supermercado.

---

86 Rolf Tarrach (Valencia 1948), catedrático de física teórica en las universidades de Valencia y Barcelona, ha sido presidente del CSIC (Consejo Superior de Investigaciones Científicas) desde 2000 a 2003.

La mecánica cuántica se desarrolla a partir de los trabajos de investigación realizados a principios del siglo XX para determinar la estructura atómica ante la incapacidad de las teorías al uso para explicar la constitución de átomos distintos del Hidrógeno, es decir cuando existe más de un electrón en el átomo. Su nombre deriva de la interpretación dada por Planck de la discontinuidad de la energía radiante estudiada en la emisión de energía por un cuerpo negro.

Plank estableció que la energía se trasmitía no de una manera continua como se pensaba hasta ese momento sino en diminutos paquetes que llamó cuantos que estaban separados por una cantidad constante que se llamó constante de Planck, representada por la letra h, cuyo valor es 6.6262 x 10^{-34} julios/seg. Como vemos es una cantidad de energía extraordinariamente pequeña pero de importancia capital en la estructura de la física que estudia las interacciones energéticas a niveles atómico y molecular. La energía se transmite según múltiplos enteros de la constante de Planck.

La mecánica cuántica solo toma de la constante de Planck, el nombre. Los fundamentos teóricos son totalmente innovadores y fueron puestos a mediados de los años veinte del siglo XX por los científicos Niels Bohr, su aventajado discípulo Werner Heisenberg y Erdwin Schrödinger en Copenhague de donde recibió el nombre de "Interpretación de Copenhague". El cuerpo científico fue ampliado posteriormente por Max Born, Jordan y Paul Dirac.

La mecánica cuántica es la rama de la física que explica de la mejor manera posible hasta el momento, las interacciones entre partículas a los niveles más íntimos de la materia (partículas subatómicas, átomos y moléculas) a diferencia de la mecánica relativista que trata de la física de las grandes objetos como astros y planetas y también de las partículas subatómicas que se mueven a velocidades próximas a las de la luz.

Para lo que no es ni muy grande ni muy pequeño, la física clásica de Newton y Galileo desempeña perfectamente su labor en nuestro mundo macroscópico de cada día. Como veremos mas adelante, la mecánica cuántica nos plantea paradojas difíciles de aceptar y sobre todo un mundo que nuestra experiencia nos sugiere irreal en el que nada existe hasta que lo podemos observar, basado en leyes probabilísticas que indican la imposibilidad de encontrar una partícula exactamente en un determinado lugar.

Este concepto va en contra del determinismo de la mecánica clásica que implicaba que el conocimiento exacto de las condiciones de partida de un sistema físico servia para determinar el estado futuro del sistema mediante la aplicación correcta de una determinada ley de la Naturaleza. Tanto Einstein como Planck nunca aceptaron los planteamientos de la mecánica cuántica, pero dentro de la física de lo microscópico es la mejor herramienta para explicar los hechos.

9.2 FUNDAMENTOS DE LA MECÁNICA CUÁNTICA

Los fundamentos de la mecánica cuántica son dos: la dualidad corpúsculo-onda enunciada por Louis de Broglie en 1924 y el principio de incertidumbre de Heisenberg enunciado por Heisenberg en 1927.

En el caso de la luz Einstein ya había establecido la dualidad de los fotones como partículas por un lado mediante la explicación del efecto fotoeléctrico y de los aspectos ondulatorios establecidos por las leyes de Maxwell. Ahora se daba el paso adicional de ampliar esta dualidad a cualquier partícula de materia.

Estos dos conceptos, dualidad partícula-onda de la materia y el de incertidumbre estaba apoyados al menos formalmente en la teoría de los cuántos de Planck. Einstein había relacionado la energía de las ondas electromagnéticas mediante la sencilla expresión $E = h \cdot v$ siendo h la constante de Planck y v la frecuencia de la correspondiente onda asociada.

Empezaremos a desarrollar los dos fundamentos por orden de aparición en el panorama de la física.

Dualidad corpúsculo-onda

Aclaremos primero el concepto de corpúsculo. En física se entiende como tal una minúscula fracción de materia con movimiento propio. Podría ser un protón, electrón o un ión. Es algo material pero muy pequeño, de dimensiones infinitesimales. Einstein ya había avanzado esta dualidad para los fotones de luz pero los fotones no tienen masa, ¿de dónde sale entonces la energía asociada a un impulso mecánico demostrable mediante el efecto fotoeléctrico capaz de arrancar electrones de una placa metálica contra la que choca?

Evidentemente el concepto de la luz es algo más complicado que la simplista dualidad corpúsculo-onda pero no tenemos a mano una mejor teoría que explique las propiedades de la luz. Para salir del atolladero Louis de Broglie planteó que las partículas de masa también podrían comportarse de la misma manera que la luz y lo que hizo fue establecer para cada partícula elemental, que tenia su propia masa, una onda asociada con una longitud de onda especificada. Esta teoría quedó confirmada experimentalmente años después en particular utilizando el experimento de la doble rendija. Este experimento, el más popular de la mecánica cuántica requiere una explicación detallada.

Imaginemos el dispositivo de la figura 9.1 donde un rayo de luz que hacemos pasar por una abertura **a** de la barrera S_1 e incide después en la barrera S_2 que tiene dos aberturas **b** y **c**.

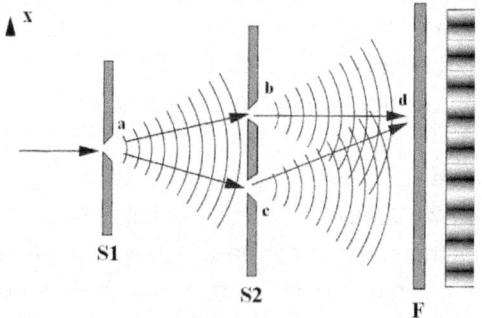

Fig 9.1 Experimento de la doble rendija con rayo de luz

Las ondas que emergen de b y c crean un modelo de interferencias que se reflejan en la pantalla F. En los puntos en que coinciden crestas de una onda con valles de la otra, estas se anulan formando una mancha oscura. Al contrario cuando coinciden cresta con cresta o valle con valle se formará en la pantalla un punto brillante.

Este es un comportamiento típico de todos los movimientos ondulatorios. En particular el físico Thomas Young mediante el citado experimento estableció definitivamente a principios del siglo XIX el carácter ondulatorio de la luz.

Si hiciéramos el mismo experimento utilizando bolas de tenis manchadas con pintura arrojadas contra la pantalla S_2, observaríamos en la pared F dos agrupamientos de impactos de las bolas que han acertado a pasar por las rendijas, correspondientes a las aberturas b y c sin manchas intermedias. Hasta aquí la mecánica cuántica no tiene nada que decir.

Sin embargo cuando el mismo experimento se lleva a cabo con partículas de dimensiones atómicas o subatómicas, los resultados del experimento son sorprendentes, las partículas elementales materiales se comportan frente al experimento de la doble rendija como si fueran ondas. Sus impactos en la pantalla F presentan el mismo aspecto de zonas con impactos y sin ellos como un patrón de interferencia ondulatorio.

La diferencia de comportamiento queda reflejada en la figura 9.2; a la izquierda el patrón de impactos producidos por objetos macroscópicos, por ejemplo las bolas de tenis expuestas anteriormente, y a la derecha el patrón de interferencia producido por una onda.

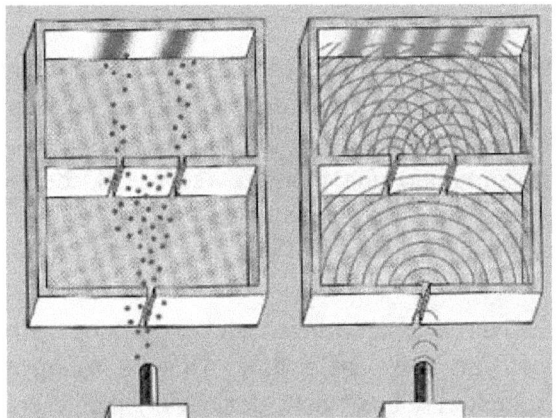

Fig 9.2 Comparación experimento de la doble rendija con objetos macroscópicos (izquierda) y con ondas (derecha)

La mecánica cuántica nos demuestra que cuando el objeto es una partícula elemental como por ejemplo un electrón el patrón de impactos se corresponde con el generado por una onda.

Principio de incertidumbre

Este principio establecido por Heisenberg establece que dado que para observar una cosa es imposible hacerlo sin perturbarla en cierto grado resulta que es necesario interaccionar con el sistema para hacerlo. El establecimiento de este principio fue la primera vez que en física teórica se propuso un límite al conocimiento científico. La conclusión para la mecánica cuántica es que hasta que no se observa un objeto no podemos asegurar su existencia.

El concepto resulta algo filosófico. Para la física clásica era precisamente lo contrario. Primero se debía asumir la existencia de algo y después podríamos medirlo. El concepto es justo al revés en física cuántica. Hasta que yo no mida u observe algo, ese algo no existe para nosotros. Si nos paramos a pensar por ejemplo en la existencia de un quark no podemos decir a priori que el quark existe; debemos observarlo y hacer alguna medición para aceptar esa realidad.

Pero el concepto de incertidumbre es mas profundo aún. Heisenberg postuló que, debido al hecho de que al observar y medir una cosa la perturbamos, no podremos conocer de manera precisa dos características conjugadas de una partícula como son la posición y la velocidad (realmente el momento lineal, que es la velocidad por la masa) o la energía y el tiempo, en un instante dado.

A medida que precisemos más la posición, con menor exactitud conoceremos la velocidad de la misma y viceversa. Heisenberg estableció que el producto de los errores de medida de la masa por la velocidad y posición de la partícula es mayor o como mucho igual a la constante de Planck o sea,

(Error posición) x (Error en el momento lineal) $\geq$ h

Ahora comprendemos que estos errores son despreciables cuando hablamos de objetos macroscópicos ya que el producto de errores en estos objetos serían cantidades de un orden de magnitud de 10^{-34}. Pero cuando se aplican a partículas elementales con dimensiones de ese orden de magnitud, entonces sí los hemos de tener en cuenta.

Veamos algún ejemplo: supongamos que medimos la velocidad de un satélite artificial de masa 100 kg con precisión de 1 gramo que viaja a la velocidad de 50.000 km/h, con una precisión de 1 m/sg. Según el principio de incertidumbre el error de la posición sería la constante de Planck dividida por 1 m/seg y por 0.001 kg es decir 10^{-31}, aún en el supuesto de que el error en la posición fuera solo de 1 Angstrom (10^{-10} m) el error para la velocidad seria solo de 10^{-21}, es decir nada mensurable por nosotros.

Sea ahora la velocidad de un electrón de masa 10^{-28} kg con un error que se mueve al 10% de la velocidad del la luz o sea 270 millones de m/seg. La consecuencia inmediata del principio de incertidumbre es que no existirá un lugar del espacio en el que podamos asegurar al cien por cien donde se encuentre un electrón que gira a enorme velocidad alrededor del núcleo de un átomo. Lo que si podemos establecer es una determinada probabilidad de encontrarlo ahí y también existirá otra posibilidad de que se encuentre en el lugar opuesto del universo que será muy pequeña pero no nula.

9.3 POSTULADOS DE LA MECÁNICA CUÁNTICA

A continuación se enuncian los postulados fundamentales de la mecánica cuántica. En estos postulados se aplican unos conceptos bastante complicados de matemáticas cuya explicación obviaremos, pero intentaremos aclarar el fundamento de las ideas que subyacen detrás de ellos. Los postulados son seis.

Primer postulado

El primer postulado dice que el estado de todo sistema viene determinado por una función matemática llamada *función de estado*, que debe ser aceptable. ¿Qué se quiere decir con que la función sea aceptable? Esto es un convencionalismo matemático que supone dos cosas: primera, que la función elevada al cuadrado debe ser integrable o definible en todo el espacio conocido. Es decir sus límites de validez se acotan entre el más infinito y el menos infinito ($+\infty$ y $-\infty$). Imaginemos el punto central de una línea recta que no tiene principio ni final, el que no tenga principio sería el menos infinito y el que no tenga final sería el más infinito.

La otra condición que define el que sea aceptable es que la función de estado sea una función uniforme, es decir que para cualquier conjunto de coordenadas le corresponda un valor y solo uno del espacio.

Al cuadrado de la función de estado los matemáticos le llaman *la probabilidad* de encontrar al sistema en un elemento pequeño de volumen. En este postulado aparece ya el concepto cuántico de la probabilidad. En mecánica cuántica no podemos saber con exactitud la posición exacta de un sistema sino solo la probabilidad de que se encuentre en esa posición.

Esta es la diferencia más radical frente a la mecánica clásica en la que podíamos conocer con exactitud mediante una serie de leyes físicas en qué punto se puede encontrar un sistema dado. De la función de estado podremos conocer no solo la posición de un sistema sino también su energía, momentos, etc; de ahí la importancia capital de definir correctamente la función de estado. La función de estado se designa mediante la letra griega ψ.

Segundo postulado

A cada *observable* de un sistema le corresponde un *operador*. En mecánica cuántica observable es, valga la redundancia, cualquier cosa de un sistema que se pueda observar. Así son observables la energía, velocidad, posición, momento angular, etc. Respecto al operador es el símbolo de cualquier operación matemática que se pueda realizar sobre la función de estado. Son operadores el símbolo de raíz cuadrada, $\sqrt{}$, el símbolo de integración, $\int$, o de diferenciación $\partial/\partial z$, entre otros. Por sí solos no valen nada, deben estar aplicados sobre alguna variable o función. Schrödinger definió diferentes operadores pero en aras de sencillez solo citaremos el más importante que se llama hamiltoniano. El operador hamiltoniano es el que se utiliza para calcular la energía de un sistema cuántico.

Tercer y cuarto postulados

Los postulados tercero y cuarto hablan de las condiciones matemáticas para resolver las ecuaciones planteadas en el segundo postulado y en especial y viene a decir que las soluciones de la ecuación de estado dan resultados aceptables y de los que se derivan la ecuación de Schrödinger para la energía.

Quinto postulado

Define el comportamiento de la función de estado con el tiempo. Es decir si conocemos la función de estado de un sistema en un tiempo t podremos conocer el valor de esa función en otro instante t' mediante la aplicación de una *sencilla ecuación diferencial* que depende de la constante de Planck. He puesto en cursiva la expresión anterior porque de sencilla no tiene nada, pero funciona y sus resultados son cotejables experimentalmente.

Sexto postulado

El sexto postulado equivale al principio de exclusión de Pauli que decía que ninguna partícula puede tener todos los números cuánticos iguales (véase al respecto el capítulo dedicado al átomo donde se define los números cuánticos). El principio de exclusión de Pauli se aplica prefentemente al electrón.

Hasta aquí hemos explicado los fundamentos básicos en los que se apoya la mecánica cuántica, así como los postulados que desarrollan sus fundamentos matemáticos sin los que no es posible seguir profundizando en las consecuencias de la teoría en el mundo de la física.

Una vez más hacemos hincapié en que hoy por hoy la mecaníca cuántica se aplica y tiene sentido al estudio de las particulas elementales subatómicas .Todo lo que se salga de ese ámbito y pretenda extrapolar a objetos macroscópicos entra dentro de la simple especulación que muchas veces degenera en conceptos pseudocientíficos. Otra cosa es que del estudio de las propiedades cuánticas de los átomos se puedan deducir aplicaciones y conceptos utilizables en la vida macroscópica del mismo modo que en química se hace usos de las propiedades de los electrones para evidenciar y conseguir que lo elementos reacciones enmtre sí y produzcan compuestos quimicos en cantidades macroscópicas utiles en nuestra vida.

BIBLIOGRAFÍA

Albert Einstein. *Mi visión del mundo*. Metatemas Tusquets editores. 2005

Albert Einstein. *Sobre la teoría de la relatividad especial y general*. Alianza Editorial.2011

Banwell. Fundamentos de Espectroscopia Molecular. Ediciones del Castillo. 1977

Bertrand Russell. *El ABC de la relatividad*. Orbis 1985

Bertrand Russell. *El conocimiento humano*. Orbis, SA. 1983

Caleb Scharf. *La benevolencia de los agujeros negros*. Investigación y ciencia nº 433. Octubre 2012.

Carl Sagan. *El cerebro de Broca*. Crítica 2012

Carl Seeling. *Albert Einstein*. Espasa-Orbitas. 2005.

Clifford A. Pickover (2011). *De Arquímedes a Hawking*. Crítica

Díaz Peña, Roig Muntaner. química física. Vol. I. Alhambra. 1975

Fenómenos cuánticos. INVESTIGACION Y CIENCIA 1er trimestre 2003

Gordon M. Barrow. química física. Vol. I. Reverté. 1975

Hidrodinámica. Nueva enciclopedia de la ciencia. Vol. 7. Sarpe 1982

J. Morcillo Rubio, J.M. Orza. Espectroscopia. Alhambra 1972

Joanne Baker. *50 cosas que hay que saber sobre física*. Ariel 2010

John R. Reitz y Frederick J. Milford.(1975) *Fundamentos de la teoría electromagnética*. Unión tipográfica editorial hispano americana.

M. Alonso y Edward J. Finn (1970) *física. Campos y ondas.* . Fondo educativo interamericano. 1970.

Milton Orchim, H.H. Jaffé. Simetría, orbitales y espectros. Ediciones Bellaterra, SA. 1975.

Roger Penrose. *Ciclos del tiempo*. Debolsillo.2011

Richard Dawkins. *El espejismo de Dios*. Espasa 2010

Stephen Hawking. *Historia del tiempo. Del Big Bang a los agujeros negros*. 1987

Stephen Hawking. *El gran diseño*. Circulo de lectores. 2010

Stephen Hawking. *A hombros de gigantes. Las grandes obras de la física y la Astronomía*. Critica 2010

Samuel Glasstone (1969) *Termodinámica para químicos*. Aguilar M. Díaz Peña-A. Roig Muntaner (1975). *química física Vol. I.* Alhambra

Walter Isaacson. *Einstein. His life and Universe*. Simon & Schuster paperbacks. 2007